Una aguja en un pajar: Evolución de la temperatura y las precipitaciones en España

Una aguja en un pajar: Evolución de la temperatura y las precipitaciones en España

Alberto Bañón Serrano

McGraw Hill | AULAMAGNA
PROYECTO CLAVE

Una aguja en un pajar:
Evolución de la temperatura y las precipitaciones en España

Primera edición: 2024

ISBN: 9788410066168
ISBN eBook: 9788419786920
Depósito legal: SE 401-2024

© de los textos:
    Alberto Bañón Serrano

© de esta edición:
    Editorial Aula Magna, 2024. McGraw-Hill Interamericana de España S.L.
    editorialaulamagna.com
    info@editorialaulamagna.com

Impreso en España – Printed in Spain

Al equipo de los rebeldes:
Pablo, Lucas, Maya y Olivia.

Índice

1.

Prólogo

Este libro surge del interés por el cambio climático más allá de lo que transmiten los medios de comunicación, o de la instrumentalización política que lo ha convertido en una religión. Sin más pretensión que ver lo que se desprende de los datos de temperatura y precipitaciones registrados en las estaciones meteorológicas de España, he tratado de ser objetivo en el análisis y aprender lo más posible. He utilizado recursos de análisis bastante simples, que creo que puede entender cualquier persona, y me he decidido a ponerlo en común por si le es de utilidad a otros. Solo me han interesado las cosas que se pueden expresar con números y procurado no hacer conjeturas, y como las interpretaciones de los resultados no pueden ser totalmente ajenas a quien las hace, siempre los he puesto por delante. En el libro no se confirma ni refuta lo dicho por otros, tampoco se descubre nada impresionante que no se sepa: la temperatura crece, las precipitaciones disminuyen, el niño hace crecer temporalmente la temperatura, la niña, lo contrario, etc., pero muestra cómo se llega a ello de forma sencilla, le pone valores para el caso de España y calcula aspectos que no son tan conocidos, como el detalle por meses, por regiones, cuánto crece el número de días sin llover, cómo se concentran las temperaturas y precipitaciones o cuánto se calienta más España que el resto del mundo.

2.

Resumen

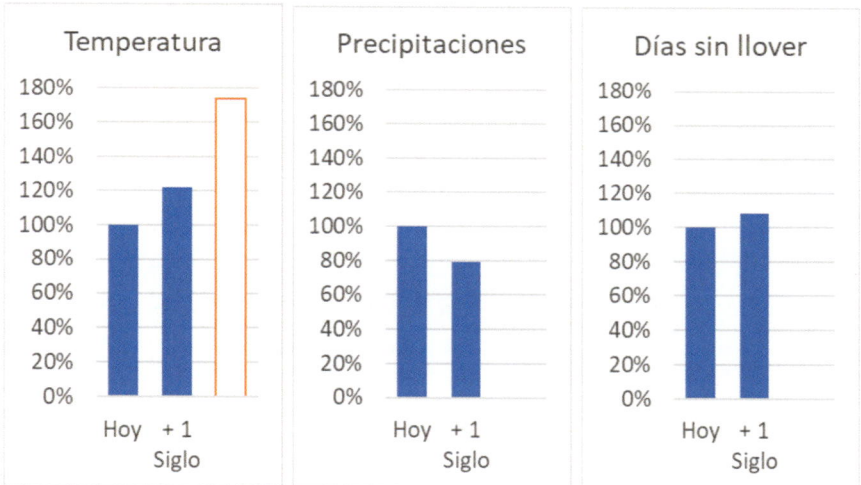

Figura R.1. Variaciones en un siglo de tres magnitudes importantes, expresadas en tanto por cien del valor actual de las mismas.

Más nos vale que el incremento de la temperatura se deba a las emisiones por el hombre de CO2 y que seamos capaces de limitar su crecimiento (ya sea por la reducción de combustibles fósiles o por la disminución de la población) porque, de no ser esta la causa principal del calentamiento, la temperatura dentro de un siglo puede llegar a incrementarse 11 ºC y, en el mejor de los casos, 3 ºC. El incremento anual de la temperatura no es constante, este incremento, a su vez, se incrementa en 0,001 ºC cada año que pasa.

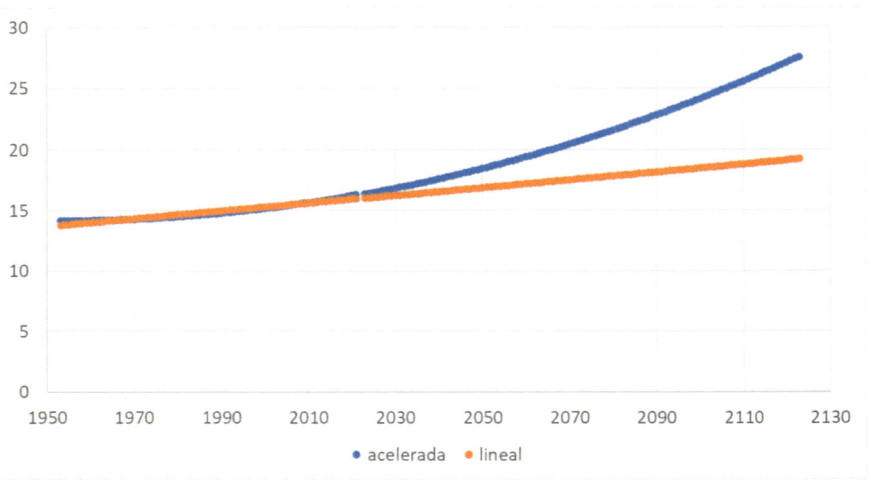

Figura R.2. Evolución de la temperatura media anual con y sin aceleración (azul y naranja, respectivamente), la discontinuidad marca el año 2023.

Un análisis estadístico descriptivo, como el que estamos haciendo (que no analiza las causas), tiene una utilidad limitada para hacer predicciones. No sabemos si las causas (sean las que sean) del incremento de temperatura se van a mantener un siglo, pero, si ocurriera, el incremento de temperatura es muy probable que fuese del orden del calculado (11 ºC). Se estima que la Tierra ya tuvo esas temperaturas en el Cretácico (si bien nosotros aún no estábamos). Confiamos (sin mucho fundamento) en no llegar a eso.

Nuestros resultados para España son mayores que los que obtenemos con las llamadas temperaturas globales (representativas del planeta), donde hay un incremento de 3,2 ºC pasado un siglo, mientras que a nivel global obtenemos 2,3 ºC.

Los cálculos indican que el incremento de temperatura se produce especialmente en los meses de junio y agosto y menos en enero y febrero.

Así mismo, la temperatura se incrementa más en el interior peninsular que en la zona costera, y menos en la zona norte peninsular, aunque donde menos lo hace es en las Islas Canarias.

Respecto a las precipitaciones, los resultados tienen mayor incertidumbre que en el caso de la temperatura porque los datos muestran una gran dispersión, cuatro veces más que la temperatura y, por tanto, deben verse como cualitativos, más que cuantitativos.

Se obtiene un descenso de las precipitaciones, que dentro de un siglo podría alcanzar los 116 mm/m² menos de precipitación al año (un 21 % menos que hoy), y no se aprecia una aceleración significativa de este descenso.

En los meses de noviembre, abril y julio no hay descenso de las precipitaciones, mientras que en diciembre y febrero se producen los descensos más acusados.

En la zona este peninsular no se ve descenso de las precipitaciones, mientras que en el oeste-norte peninsular se produce el mayor descenso.

Los análisis realizados sobre el fenómeno «niño/niña» muestran una clara influencia sobre la temperatura, aumentando con el «niño» y disminuyendo con la «niña», aunque a largo plazo probablemente se compensen, sin efecto neto en la evolución de la temperatura. Siendo consciente de la mayor incertidumbre en lo que respecta a las precipitaciones, los resultados apuntan a que ni el «niño» ni la «niña» tienen efecto apreciable en las precipitaciones.

El análisis de dispersión/concentración apunta a que, pasado un siglo:

- Aumentará el número de días sin llover en 12 días al año (5 %).
- Se reducirá en 2 días al año (15 %) el número de días que acumulan el 50 % de las precipitaciones del año.
- Los periodos de sequía extrema (los de mayor duración) aumentarán 3 días al año, que es un 10 % de la duración media de estos periodos.

Con mucha incertidumbre se puede apuntar que la zona atlántica, en especial, Canarias es la que sufre menos estas variaciones.

La conclusión de estos análisis, con datos objetivos, es que según han ido pasando los años, las temperaturas se han ido incrementando, las precipitaciones disminuyendo y los máximos valores de ambas concentrando en menos días. Las variaciones anuales medias son muy pequeñas, del orden de 50 veces menos que las variaciones de cualquier año con el siguiente (una aguja en un pajar). Sin cuestionar las consecuencias de estos cambios, sorprende que la opinión pública las siente intensamente y las vea como la causa de cualquier fenómeno que se salga de lo «normal», quizás porque lo normal es lo ocurrido hace unos pocos años. La memoria es de corto alcance y lo ocurrido hace más de diez años está olvidado. Para ver hasta qué punto es esto lo que determina la opinión pública (quizás habría que decir la de los medios de comunicación), hemos realizado los cálculos con periodos cortos: 10, 20 y 30 años y los resultados son espectaculares, en los últimos 10 años:

- Dentro de un siglo, la temperatura puede ser 21 ºC más alta que hoy, cuando el análisis con periodos largos estima el incremento en 3 ºC.
- Dentro de un siglo, las precipitaciones anuales se reducirán en 450 mm/m² (que prácticamente es dejar de llover), cuando el resultado con periodos largos de cálculo es de 116 mm/m².

No cabe duda de que los cambios en la última década han sido muy importantes, pero esto ya ha ocurrido en el pasado, incluso de forma más intensa, y demuestra lo inapropiado de extraer conclusiones con periodos de tiempo tan cortos como 10 o 20 años, que son un instante en la evolución del clima.

Aunque solo mediante un análisis estadístico no se puede establecer, de forma necesaria y suficiente, una relación causa-efecto entre una serie de variables, al menos se puede comprobar si se da la condición necesaria, que en nuestro caso es si determinada variable es capaz de explicar, estadísticamente, la temperatura. En el caso de la concentración de CO_2 esta condición se cumple a la perfección, para la concentración de CH_4 también se cumple, aunque en menor medida, y no se puede obtener una relación en el efecto relativo de ambas porque presentan una colinealidad que lo hace imposible.

Dentro del periodo analizado (1988-2022) no se aprecia decaimiento en el efecto de la concentración de CO_2.

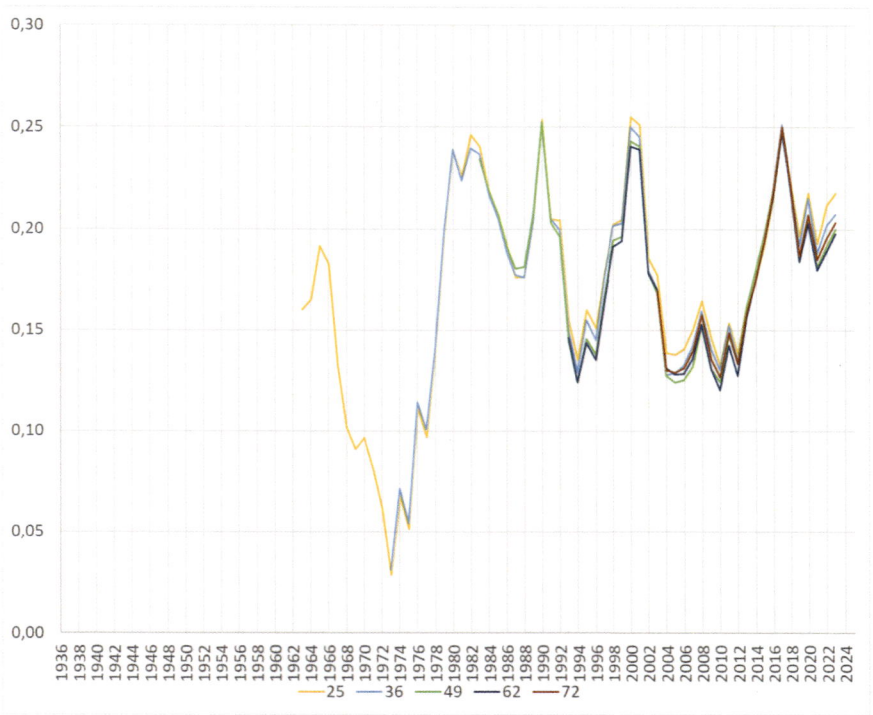

Figura R.3. Variación anual de la temperatura en periodos de 10 años, calculada para distintos grupos de estaciones. Para cada valor de x (año) se representa el valor obtenido para el periodo que empieza 10 años antes.

En los Anexos I y II se resume de forma gráfica los resultados del estudio, se muestra dónde están las estaciones, cómo se agrupan, y la tendencia de la temperatura (Anexo I) y de las precipitaciones (Anexo II) en cada grupo.

3.

Introducción

El análisis de la evolución en el tiempo de las temperaturas en la Tierra, o en alguna región de esta, debe comenzar viendo si dicha evolución responde a un patrón o si, por el contrario, es puramente aleatoria. En el caso de que se observe un comportamiento que no sea totalmente aleatorio, hay que preguntarse por las causas y las consecuencias a medio o largo plazo, cuestiones indispensables para intentar evitar consecuencias desastrosas.

Hoy en día, se ha constatado una evolución creciente de la temperatura, que la doctrina generalmente aceptada imputa a las emisiones de CO_2 a la atmósfera que realiza el ser humano, y de aquí que se hayan propuesto y puesto en marcha planes de reducción de dichas emisiones por una parte de las naciones del planeta. Recientemente, se está debatiendo, por algunos, la implantación de medidas que mitiguen las consecuencias desastrosas que se predicen, lo que sin duda es una actitud prudente, y ya se sabe que la prudencia es como la sopa de pollo, nunca sienta mal, no vaya a ser que las emisiones humanas de CO_2 no sean el cien por cien del problema, o que no se alcancen los objetivos de reducción de las emisiones, que todo puede pasar.

En este documento se hablará algo sobre las causas y nada sobre las consecuencias, centrándose en el análisis de la evolución de la temperatura y las precipitaciones en España, a partir de los datos históricos que se tienen registrados.

En la fase inicial del trabajo, el análisis se hará sin recurrir a operaciones matemáticas que no sean sumar, restar, multiplicar o dividir, para más adelante hacer uso de herramientas estadísticas, siempre suficientemente sencillas para que los cálculos, si se desea, se puedan realizar mediante una hoja de cálculo.

Para comenzar, haremos un inciso para recordar qué son la temperatura y el efecto invernadero.

4.

Temperatura

La temperatura es la forma que tenemos de medir el grado de agitación de las partículas materiales: átomos y moléculas.

Todo el universo está formado por átomos que raramente existen de forma aislada (salvo en las estrellas), ya que prefieren agruparse en moléculas formando compuestos químicos.

Las moléculas se mueven (trasladan) a través del espacio con más o menos facilidad, en un gas con mucha facilidad, pero también en los líquidos y, aunque menos, en los sólidos. Además, pueden rotar y los átomos que las forman vibrar. Cuando las moléculas se encuentran, pueden transmitirse estos movimientos como las bolas de billar cuando hacen carambolas. Si una molécula va a mucha velocidad y choca con otra con menos velocidad, lo normal es que la primera reduzca su velocidad y la segunda la aumente. Cosa parecida podemos decir de la rotación y vibración.

Sin ser conscientes de la naturaleza de la materia, desde siempre hemos apreciado cuando las partículas de un gas, líquido o sólido, se movían a más o menos velocidad (sin necesidad de saber que gases, líquidos y sólidos están formados por partículas), para nosotros era estar más o menos caliente y nos inventamos el concepto de «temperatura» para cuantificar el grado de calor (que ahora sabemos que es el grado de agitación de las partículas), y fabricamos instrumentos para medirla, durante mucho tiempo los termómetros de mercurio, hoy prohibidos.

La temperatura es importante porque si entramos en contacto con un material en el que sus partículas se mueven demasiado, harán

21

que las nuestras también lo hagan y nuestros tejidos se destruyan, nos quemamos. Por el contrario, si la temperatura es baja, absorberán calor de nuestro cuerpo y las recciones químicas que nos dan la vida se detienen, nos congelamos.

La transmisión del movimiento mediante choques entre partículas es lo que siempre se llamó transmisión del calor por convección, y siendo de importancia capital en el clima, es la forma en la que intercambian calor los mares, la tierra y la atmósfera, no es lo que ahora nos interesa.

Si pensamos en una molécula con dos átomos, como dos bolas unidas por un muelle, el sentido común nos dice que podemos hacer que vibren con la frecuencia que nosotros queramos, es cuestión de aplicar la fuerza que sea necesaria, sin embargo, la mecánica cuántica dice que las partículas no vibran de cualquier forma, si están vibrando con una determinada frecuencia, pueden pasar a una frecuencia mayor, o menor, pero a saltos, no de forma continua, las moléculas poseen estados de vibración que se diferencian unos de otros en cantidades de energía que son múltiplos de un valor mínimo y que son las únicas posibilidades de vibración de la molécula, la diferencia entre estados, a las que se llama «transiciones», son infinitamente menores de lo que nuestros sentidos pueden apreciar, y por eso a nuestro sentido común le parece que pueden vibrar a cualquier frecuencia. La necesidad de que la energía de los estados de vibración sean cantidades discretas (a saltos) y no continuas y, por tanto, que las transiciones entre estados también lo sean, fue descubierta por Max Planck en el año 1900 (premio Nobel en 1918), porque era la forma de explicar la llamada catástrofe del ultravioleta y dio lugar al nacimiento de la mecánica cuántica. El carácter discreto de los estados de energía se da en todas las formas de la energía: atómica, vibración, rotación, etc.

Las partículas pueden adquirir movimiento por absorción de luz, cuando la luz incide sobre una molécula puede aumentar su grado de rotación o vibración. La teoría corpuscular de la luz la considera una partícula y podemos imaginar que cambia el movimiento de las partículas materiales mediante «choques» (en realidad es mediante interacción electromagnética), aunque de una forma muy distinta a los choques entre partículas materiales, porque, en este caso, la luz no cambia su velocidad, es absorbida por la partícula, con la peculiaridad de que, pasado un tiempo, la partícula se desprenderá de ella: emitirá luz. Esto es lo que tradicionalmente se ha considerado como transmisión del calor por radiación.

Antes de entrar en los encuentros entre la luz y la materia, debemos hablar de la luz.

Un rayo de luz se puede considerar como un chorro de paquetes (fotones) con un determinado contenido de calor (energía) cada uno, pero con la peculiaridad de que no podemos tener fotones con cualquier energía, la energía de los fotones es siempre un múltiplo de ese valor mínimo descubierto por Max Planck, la energía de los fotones está cuantizada. Si esto lo unimos al hecho de que las partículas solo pueden estar en estados discretos de energía, solo absorberán fotones con una energía exactamente igual a la diferencia entre dos de estos estados, ya sea de rotación o vibración, por eso algunas moléculas solo se calientan cuando la luz que incide sobre ellas está formada por los fotones adecuados, y no se calientan, por mucho que aumentemos la intensidad de la luz (el número de fotones) con la que la iluminemos, si no son fotones de la energía exacta entre dos de sus estados. Esta explicación del efecto fotoeléctrico, en el año 1905, le sirvió a Albert Einstein para ganar el premio Nobel en el año 1921 (el que curiosamente nunca gano por la teoría de la relatividad).

Nuestros ojos distinguen la energía de los fotones a través de su color o, mejor dicho, vemos de color distinto a fotones con distinta energía. Nuestros órganos solo son capaces de ver los fotones dentro de un rango de energía, que se conoce como el espectro visible, por razones obvias. A los fotones de menor energía se les encuadra en el espectro infrarrojo y son vitales para la vida en la Tierra, como vamos a ver, y a los de mayor energía se les sitúa en el espectro ultravioleta y fueron la clave para que Planck concluyera que la energía está cuantizada.

Hasta aquí hemos hablado de rotación y vibración para mantenernos dentro de nuestro sentido común, pero ahora es imprescindible hablar de estados atómicos. La energía de un átomo o molécula no solo depende de su movimiento de traslación, rotación o vibración, también depende del estado de sus electrones. Los electrones dentro de una molécula pueden estar en distintos niveles, que están cuantizados, por lo que, para pasar de uno a otro necesitan absorber o emitir un fotón de la energía exacta entre niveles y es el momento de comparar la energía de las diferencias (transiciones) entre los niveles electrónicos, vibracionales y rotacionales. Las transiciones electrónicas son mucho mayores que las vibracionales y estas a su vez que las rotacionales. Los niveles electrónicos que son posibles están separados por valores de la energía (siempre múltiplos de la constante de Planck) mucho mayores que las diferencias de energía entre los niveles de vibración y lo mismo con las transiciones de rotación. Los fotones del espectro visible tienen la energía adecuada para provocar tránsitos electrónicos, mientras que los que pueden producir tránsitos de vibración son los del infrarrojo y en rotación los de microondas.

Aunque hablamos de tres tipos de niveles, la realidad es que en la molécula solo hay uno que es la suma de los tres. Una molécula siempre está en algún estado electrónico, vibracional y rotacional de forma simultánea y, para complicar la cosa, no son estados independientes, a cada estado electrónico corresponden estados vibracionales diferentes y los estados rotacionales dependen del estado vibracional de la molécula.

La distancia de la Tierra al Sol es la adecuada para recibir una cantidad de luz que ha resultado conveniente para el desarrollo de la vida que conocemos, pero esto es posible gracias al efecto invernadero de nuestra atmósfera. Sin atmósfera, la Tierra se calentaría en la zona expuesta al Sol (día) para luego enfriarse al quedarse a obscuras (noche), con variaciones de cientos de grados centígrados entre el día y la noche, como le ocurre a la Luna (en la cara que da al Sol vs la que no le da), o a Marte.

Veamos cómo se produce el efecto invernadero. Como hemos mencionado, la luz que proviene del Sol está compuesta en su mayoría por fotones del espectro visible (no es casualidad que nuestros órganos estén adaptados a ese espectro) con la energía adecuada para producir transiciones de electrones, lo cual no tiene efecto en la temperatura porque no afecta a la traslación, rotación o vibración de las moléculas, que es lo que determina su grado de agitación. Pero, como hemos dicho, la molécula no solo cambia su estado electrónico, pasa a su vez a uno de los estados vibracionales de ese nuevo estado del electrón (que se suele llamar estado excitado) y a uno rotacional del nuevo estado vibracional, lo normal es que el tránsito se haga a niveles vibracionales y rotacionales superiores (de mayor energía) que los que ocupaba anteriormente, de forma que cuando la molécula retorne al estado electrónico anterior (la tendencia general es ocupar los niveles de menor energía, se dice que todo tiende a la mínima energía) emitirá un fotón del espectro visible de menor energía que el original, a la vez que emitirá fotones del espectro infrarrojo al volver a estados vibracionales y rotacionales inferiores a los que tenía cuando estaba excitado. Esto que acabamos de describir es el efecto fluorescente, pero nos sirve para ilustrar cómo la materia puede absorber fotones de una determinada energía y emitir otros de energía distinta.

El hecho relevante es que una parte de los fotones absorbidos por los materiales de la superficie terrestre (que absorbe los fotones del espectro visible) vuelven a ser emitidos, pero como fotones con una energía distinta, una parte de los cuales corresponden al espectro infrarrojo. Estos fotones del infrarrojo pueden ser capturados par las moléculas de la atmósfera aumentando la agitación de estas (especialmente su vibración), es decir, aumentando la temperatura.

En resumen, la mayoría de la energía que recibimos del Sol son fotones del espectro visible que no coinciden con diferencias en los estados energéticos (tránsitos) de las moléculas que componen nuestra atmósfera: oxígeno (O_2), nitrógeno (N_2), vapor de agua (H_2O), anhidrido carbónico (CO_2), metano (CH_4), etc. Los fotones que no son reflejados alcanzan la superficie del planeta, en donde sí hay materiales capaces de absorber fotones visibles, que mediante transferencias internas terminan emitiendo fotones del infrarrojo. Cuando estos fotones del infrarrojo atraviesan la atmósfera, son absorbidos por algunas de las moléculas que la componen (elevando sus estados de vibración y rotación), en especial, por las moléculas de vapor de agua (H_2O), el metano (CH_4) y el dióxido de carbono (CO_2), lo que se traduce en un aumento de la temperatura.

Como ya se ha mencionado, aunque haya sido de pasada, los estados excitados son inestables, para transiciones electrónicas retornan al nivel no excitado, emitiendo el fotón correspondiente, en periodos de tiempo de una billonésima parte de segundo (picosegundos: 10^{-12}s), las transiciones vibracionales son mucho más lentas, entre milésimas y décimas de segundo. El fotón se emite en cualquier dirección, por lo que una parte importante de los mismos pueden volver a ser absorbidos por otras moléculas sin que la temperatura disminuya, naturalmente, si estuviésemos un tiempo suficiente sin recibir radiación solar, todos los fotones escaparían de la atmósfera y la temperatura disminuiría hasta llegar en el límite al cero absoluto. He mencionado esto para dar un detalle más de lo complicado que es hacer un modelo cuantitativo del efecto invernadero, y eso que lo expuesto es un esbozo más que simplificado de la interacción de la radiación solar con la atmósfera, que es responsable de multitud de reacciones fisicoquímicas (fotoquímicas), algunas provocadas por el ser humano, como el «smog fotoquímico»: la radiación solar (ultravioleta) a partir del NO que se emite por los gases de combustión (vehículos) provoca una compleja serie de reacciones químicas que dan lugar a compuestos muy nocivos para la salud.

Llegados aquí, se entiende por qué, cuando se aprecia un incremento de la temperatura, lo primero que se piensa es que dicho aumento se debe al incremento de alguna, o algunas de las sustancias presentes en la atmósfera que son capaces de absorber radiación infrarroja.

En el año 1896, hace más de un siglo, cuando faltaban décadas para el nacimiento de la mecánica cuántica, el químico sueco Svante

Arrhenius (Nobel de química en 1903) calculó por primera vez el efecto en la temperatura, de la concentración de CO_2 en la atmósfera, concluyendo que, si la cantidad de CO_2 se duplicaba, la temperatura crecería 5 °C.

Esta idea, después de pasar un siglo en el olvido, hoy es el elemento al que se recurre oficialmente para explicar el cambio climático, y de aquí que mencionemos al CO_2 en diversas partes de este documento.

Merece la pena leer el artículo original de Arrhenius. Recojo algunos párrafos de un comunicado presentado por el autor ante la Real Academia Sueca de Ciencias el 11 de diciembre de 1895, en el que explica su trabajo (y los antecedentes) de forma detallada y fácil de seguir porque utiliza conceptos simples. Arrhenius se refiere al CO_2 (dióxido de carbono) como ácido carbónico porque era la denominación oficial de la época.

Se ha escrito MUCHO sobre la influencia de la absorción de la atmósfera en el clima.

Tyndall en particular ha señalado la enorme importancia de esta cuestión. Para él, esta circunstancia, principalmente atenúa las variaciones diurnas y anuales de la temperatura. Otro aspecto de la cuestión, que desde hace mucho tiempo atrae la atención de los físicos, es el siguiente: ¿La temperatura media del suelo está influenciada de algún modo por la presencia de gases que absorben calor en la atmósfera? Fourier sostenía que la atmósfera actúa como el cristal de un invernadero, porque deja pasar los rayos luminosos del Sol, pero retiene los rayos oscuros del suelo. Esta idea fue elaborada por Pouillet y Langley a través de algunas de sus investigaciones llegó a la conclusión de que «la temperatura de la Tierra bajo la luz solar directa, incluso si nuestra atmósfera estuviera presente como ahora, probablemente caería a -200 °C, si esa atmósfera no poseyera la cualidad de absorción selectiva.

. . .

El aire retiene el calor (claro u oscuro) de dos formas diferentes. Por un lado, el calor sufre una difusión selectiva a su paso por el aire;

por otra parte, algunos gases atmosféricos absorben cantidades considerables de calor.

Estas dos acciones son muy diferentes. La difusión selectiva es extraordinariamente grande para los rayos ultravioleta y disminuye continuamente al aumentar la longitud de onda de la luz, de modo que es insensible para los rayos que forman la parte principal de la radiación de un cuerpo de la temperatura media de la Tierra.

La absorción selectiva de la atmósfera es, según las investigaciones de Tyndall, Lecher y Pernter, Röntgen, Heine, Langley, Ångström, Paschen y otros, de un tipo completamente diferente.

No es ejercida por la masa principal del aire, sino en gran medida por el vapor de agua y el ácido carbónico, que están presentes en el aire en pequeñas cantidades. Además, esta absorción no es continua en todo el espectro, sino casi insensible en la parte luminosa del mismo, y principalmente limitada a la parte de onda larga, donde se manifiesta en bandas de absorción muy bien definidas, que disminuyen rápidamente en ambos lados. La influencia de esta absorción es comparativamente pequeña en el calor del Sol, pero debe ser de gran importancia en la transmisión de los rayos de la Tierra. Tyndall sostuvo que el vapor de agua tiene la mayor influencia, mientras que otros autores, por ejemplo: Lecher y Pernter, se inclinan a pensar que el ácido carbónico desempeña el papel más importante. Las investigaciones de Paschen demuestran que ambos gases son muy eficaces, por lo que probablemente a veces el uno, a veces el otro, puede tener mayor efecto según las circunstancias. Para tener una idea de cuán fuertemente la radiación de la Tierra (o de cualquier otro cuerpo con una temperatura de +15° C) es absorbida por cantidades de vapor de agua o ácido carbónico en las proporciones en que estos gases están presentes en nuestra atmósfera, conviene, estrictamente hablando, organizar experimentos sobre la absorción de calor de un cuerpo a 15° mediante cantidades apropiadas de ambos gases. Pero tales experimentos aún no se han hecho y, como requerirían aparatos muy costosos más allá de los que tengo a mi disposición, no he estado en condiciones de ejecutarlos.

. . .

Ahora podemos preguntar qué tan grande debe ser la variación del ácido carbónico en la atmósfera para causar un cambio dado de temperatura. La respuesta puede encontrarse por interpolación en el Cuadro VII. Para facilitar tal investigación, podemos hacer una simple observación. Si la cantidad de ácido carbónico disminuye de 1 a 0,67, la caída de temperatura es casi la misma que el aumento de temperatura si esta cantidad aumenta a 1,5. Y para conseguir un nuevo aumento de este orden de magnitud ($3°$ a $4°$), será necesario alterar la cantidad de ácido carbónico hasta alcanzar un valor casi intermedio entre 2 y 2·5. así, si la cantidad de ácido carbónico aumenta en progresión geométrica, el aumento de la temperatura aumentará casi en progresión aritmética.

. . .

Uno puede preguntarse ahora: ¿cuánto debe variar el ácido carbónico según nuestras cifras para que la temperatura alcance los mismos valores que en las edades terciaria y glacial, respectivamente? Un cálculo simple muestra que la temperatura en las regiones árticas aumentaría entre $8°$ y $9°$ C, si el ácido carbónico aumentara a 2,5 o 3 veces su valor actual. Para situar la temperatura de la edad de hielo entre los paralelos 40 y 50, el ácido carbónico del aire debería descender a 0,62-0,55 de su valor actual (descenso de temperatura de $4°$ a $5°$ C).

. . .

Ciertamente no habría hecho estos tediosos cálculos si no hubieran estado unidos a ellos un interés extraordinario. En la Sociedad de Física de Estocolmo ha habido ocasionalmente discusiones muy animadas sobre las causas probables de la Edad del Hielo; y estas discusiones, en mi opinión, han llevado a la conclusión de que todavía no existe ninguna hipótesis satisfactoria que pueda explicar.

5.

Datos

La Agencia Estatal de Meteorología (AEMET) no facilitaba en su web, de forma general, los datos históricos de las variables meteorológicas principales registradas en su red de observatorios hasta que un decreto del Gobierno de 2015 determinó que la AEMET pusiese a disposición del público los datos de mayor interés (temperaturas, precipitaciones, etc.). En el año 2019, la AEMET implementó en su página web un acceso a los datos de sus observatorios (291 en el conjunto del país, aunque algunas dejaron de operar hace varios años), para poder descargarlos. Al referirnos a los observatorios (estaciones) usaremos el nombre que figura en los registros de AEMET, sin acentos y con el código correspondiente al final.

Para este trabajo se han utilizado los datos históricos de temperaturas máximas y mínimas diarias y las precipitaciones diarias de las 291 estaciones. El número de años para los que hay datos registrados es variable, algunas estaciones tienen un siglo de historia, pero otras no llegan a la década (como las situadas en aeropuertos de los que nunca despegó un avión).

Aún en las estaciones que tienen datos desde hace mucho tiempo, el problema es la falta de continuidad de las series temporales, no es raro (en realidad ocurre en todas) que falten datos para días sueltos que truncan las series diarias y, por tanto, desvirtúan, en mayor o menor medida, las series mensuales o anuales.

Si bien interpolar los días que faltan puede ser una posibilidad, no la hemos considerado aceptable si faltan más de un 2 % del total de los datos o si faltan más de 21 días consecutivos (para garantizar que todos los meses tienen datos para al menos una semana).

Adelanto que vamos a obtener variaciones de temperatura a medio plazo del orden de centésimas de grado centígrado al año, cuando la temperatura media anual, de un año respecto del anterior, puede variar en más de un grado centígrado, lo cual anuncia la necesidad de series temporales con muchos años.

Cuanto mayor es el número mínimo de datos exigido, menor es el número de estaciones que lo cumple. El 30 de septiembre de 2023 es la fecha del último dato que hemos considerado y hay:

- 72 estaciones con datos para los 30 años anteriores.
- 62 estaciones con 40 años.
- 49 estaciones con 50 años.
- 36 estaciones con 60 años.
- 25 estaciones con 70 años.
- 13 estaciones con 80 años.
- 3 estaciones con 90 años.
- 1 estación con 97 años.

Y ninguna para más años, en el caso de las precipitaciones hay alguna menos. Hemos eliminado los días 29 de febrero para que todos los años tengan el mismo número de días.

6.

Metodología y resultados

En primer lugar, vamos a describir la metodología para el análisis de una estación por separado, para luego realizar el análisis del conjunto de estaciones y determinadas agrupaciones de estas.

6.1 Análisis de estaciones por separado. Solo sumar y restar

En este apartado vamos a usar como ejemplo la estación de Barcelona Fabra, que es la única con datos para 97 años. Empezamos trabajando con las temperaturas medias anuales, calculadas como la media de las temperaturas medias de cada uno de los 365 días del año. La media de un día es la semisuma de la temperatura máxima y la mínima del día, que son los dos valores obtenidos de la AEMET. En la figura 1 se muestran los datos de esta estación.

Si hacemos la hipótesis de que la evolución de las temperaturas es aleatoria y, por tanto, no existe ninguna tendencia, el valor representativo es la media de todos los años, para esta estación es de 14,9 ºC, desde el 1 de octubre de 1926 al 30 de septiembre de 2023.

Para comprobar esta hipótesis, calculamos las variaciones de cada año respecto al anterior y las promediamos, si la evolución fuese aleatoria unos años se compensarían con otros y el resultado sería próximo a cero, no obstante, este procedimiento es cuestionable porque equivale a realizar la resta del último dato menos el primero y dividir por el número de años entre ellos sin que los datos de todos los otros años jueguen ningún papel. La incertidumbre en el resultado es grande porque depende del carácter típico, o atípico, de cualquiera de los dos únicos datos intervinientes, si bien es cierto que, cuando el número de años que separa estos dos datos es muy grande, la posible dispersión de estos puede ser de menor magnitud que la variación de temperatura en el periodo. En cualquier caso, el resultado para el período de 97 años de nuestra estación es que la temperatura se incrementa (en promedio) a un ritmo de 0,031 °C cada año (3 grados en un siglo).

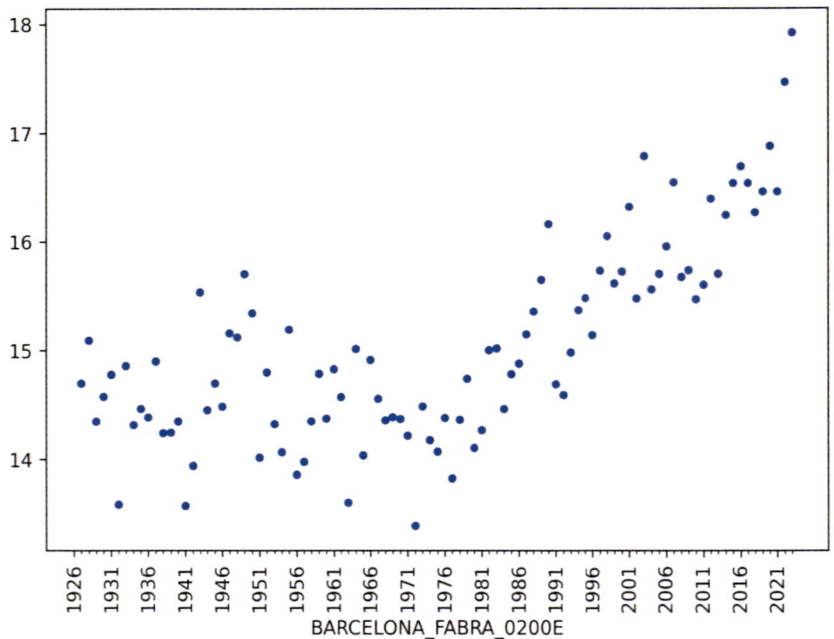

Figura 1. Datos de temperatura media anual de la estación Barcelona Fabra.

Considerar solo los dos años en los extremos del periodo (método supersimple) es poco fiable, una primera mejora (método simple) sería comparar los años de la segunda mitad del periodo con los de la primera, calculando la diferencia entre cada uno de los últimos 48 años, con el de 48 años antes, en lugar de un solo periodo de 97 años, tenemos 48 periodos de 48 años, así tenemos todos los años en cuenta. El resultado es 0,024 °C, pero podemos mejorar el método generalizándolo, para ello consideraremos todos los subperiodos posibles que surgen de hacer todos los pares posibles con los años del periodo, en nuestro caso con 97 años el número de pares es:

(97 * 96) / 2 = 4656 pares

Tendremos desde subperiodos de 2 años a un subperiodo de 97 y calculamos la diferencia entre el dato del último año y el dato del primer año del subperiodo y la dividimos por el número de años entre ambos. Finalmente, promediamos los resultados de todos los subperiodos. Este es un conocido método (estimador Theil-Sen), de los considerados robustos porque la presencia de datos atípicos les afecta menos que a los métodos que usan diferencias al cuadrado.

El resultado del estimador Theil Sen para nuestra estación es de 0,023 °C de incremento anual de la temperatura (2,3 grados en un siglo), este resultado es prácticamente el mismo que con el método de 48 subperiodos (método simple) y del mismo orden que el obtenido solo con el primer y último año del periodo (método super simple), tal vez porque 97 años es un periodo suficientemente grande, no obstante, el grado de confianza es mayor para el estimador Theil-Sen que considera todos los años (4656 subperiodos), que el del super simple (1 subperiodo) o del simple (48 subperiodos).

Con esto ya estamos en condiciones de afirmar que, al menos en esta estación, la evolución de las temperaturas muestra una tendencia creciente de 0,023 °C al año (por término medio) y conviene reflexionar sobre lo que esto significa o, mejor dicho, lo que no significa.

Lo que no significa es que a cada año la temperatura se incremente 0,023 °C, esto es tan absurdo como decir que, si lanzamos una moneda al aire y sale cara, en el siguiente lanzamiento debe salir cruz. Lo que sí podemos afirmar es que, si hacemos un número suficientemente grande de lanzamientos, obtendremos tantas caras como cruces, en lo que respecta a las temperaturas la afirmación sería que: pasado un número suficiente de años, por ejemplo: un siglo, la temperatura, en nuestra estación de ejemplo, se habrá incrementado en:

$$100 * 0{,}023 \ ^\circ C = 2{,}3 \ ^\circ C$$

Viene al caso comentar que nos encontraremos con el concepto de anomalías, muy utilizado en los trabajos sobre cambio climático, que define la anomalía como la diferencia entre la temperatura en un año, respecto a la media de la temperatura en un periodo, a mi entender es una denominación poco afortunada, porque pronto veremos que esto es algo normal, para que se trate de una verdadera anomalía, debe ocurrir que esa diferencia supere ciertos límites, o mejor aún, que lo que se aparte de una media de referencia sea la media en un periodo suficientemente largo (una cara o una cruz nunca es una anomalía, 10 o 100 caras, o cruces, seguidas si lo es).

Esto no significa que no podamos decir nada respecto a lo que puede pasar de un año a otro, al contrario, podemos calcular la probabilidad de que aumente o disminuya una cierta cantidad, esto es algo que podemos hacer con independencia de que la temperatura esté subiendo o no, y lo haremos observando las variaciones que se han producido en cada año respecto al año anterior.

Pero lo más importante es no olvidar que esto es lo que ha ocurrido en el pasado. Si se ha incrementado la temperatura a cada año (por término medio) es porque algo ha cambiado a cada año (por ejemplo: que aumenta la concentración de CO_2 en la atmósfera), o porque hemos entrado en un proceso recurrente, por ejemplo: el incremento de temperatura en un año aumenta la concentración de agua en la atmósfera (por evaporación de los mares), lo que hará que aumente la temperatura y esta a su vez el vapor de agua, etc. Si el cambio no es debido a un proceso recurrente, los cambios de temperatura en el futuro no son extrapolables, a no ser que las causas del pasado se repitan en el futuro (por ejemplo: se siga incrementado la concentración de CO_2 en la atmósfera y el efecto sea lineal, si el efecto no es lineal y los nuevos incrementos de CO_2 tienen cada vez menos efecto, llegará un momento en el que la temperatura deje de incrementarse).

Un análisis estadístico descriptivo, como el que estamos haciendo (que no analiza las causas), tiene una utilidad limitada para hacer predicciones.

Calculamos las 96 variaciones anuales de un año, respecto al anterior (figura 2), y creamos una tabla de frecuencias, es decir, anotamos las veces que cada diferencia se ha producido, como es muy probable que las 96 diferencias sean distintas entre sí, lo que se hace es establecer un conjunto de intervalos y sumar en cada uno de ellos las diferencias comprendidas en dicho intervalo.

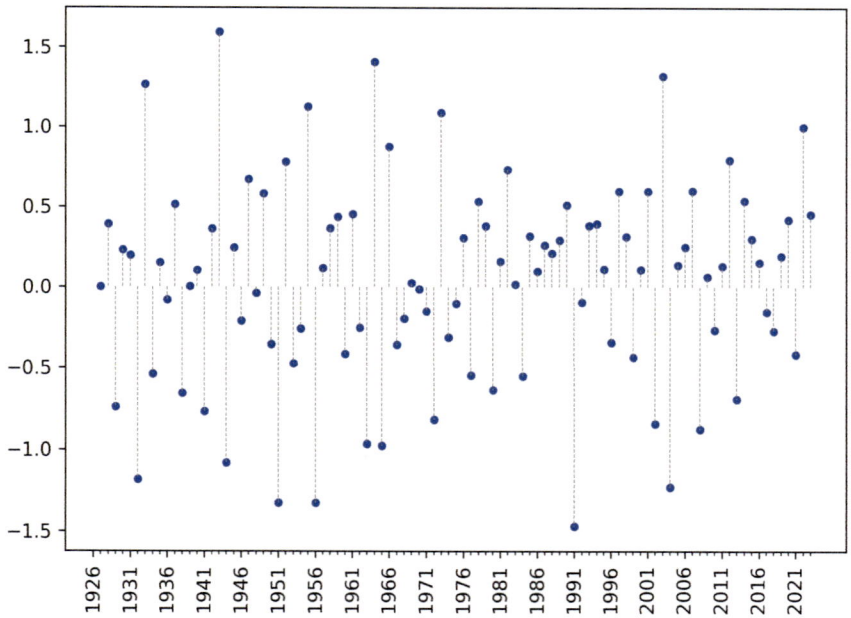

Figura 2. Variaciones de la temperatura de un año, respecto al anterior, en la estación Barcelona Fabra.

En la tabla 1 se muestra la tabla de frecuencias correspondiente a 16 intervalos de 0,5 ºC empezando por el (-4,00 a -3,50) ºC y terminado con (3,50 a 4,00) ºC. En la figura 3 se muestra el histograma correspondiente a esta tabla de frecuencias.

Diferencia con año anterior en °C entre		Frecuencia	
		veces	%
-4,0	-3,5	0	0,0 %
-3,5	-3,0	0	0,0 %
-3,0	-2,5	0	0,0 %
-2,5	-2,0	0	0,0 %
-2,0	-1,5	0	0,0 %
-1,5	-1,0	6	6,3 %
-1,0	-0,5	13	13,5 %
-0,5	0,0	21	21,9 %
0,0	0,5	36	37,5 %
0,5	1,0	13	13,5 %
1,0	1,5	6	6,3 %
1,5	2,0	1	1,0 %
2,0	2,5	0	0,0 %
2,5	3,0	0	0,0 %
3,0	3,5	0	0,0 %
3,5	4,0	0	0,0 %
		96	

Tabla 1. Frecuencia de las variaciones anuales de un año respecto al anterior, en el periodo de 97 años de la estación Barcelona Fabra.

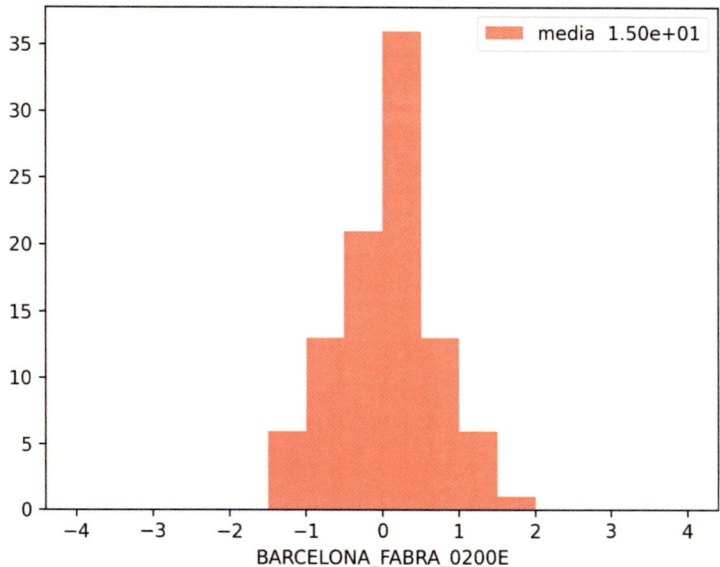

Figura 3. Histograma de la frecuencia de las variaciones anuales de un año respecto al anterior, en el periodo de 97 años de la estación Barcelona Fabra.

Con esta sencilla tabla podemos afirmar que la probabilidad de que la temperatura de un año esté entre -0,50 ºC y 0,50 ºC de la del año anterior, es del 59 % (21,9 %+37,5 %) y, por tanto, la probabilidad de que se diferencie de la del año anterior en más de medio grado, arriba o abajo, es del 41 %, casi la mitad.

Como ya adelanté, vemos que variaciones de un año para otro de un grado se producen con una probabilidad importante, mientras que la tendencia que hemos calculado es tan solo de 0,023 ºC, 50 veces menos. Estamos buscando una aguja en un pajar.

Si calculamos cuántas veces cambia de signo la variación de temperatura de un año respecto del anterior, encontramos que lo hace 62 veces de 95 posibles, un 65 %. Esto es lo normal si la temperatura no tiene memoria, es decir, la temperatura en cada año toma un valor al azar, oscilando en torno a un valor medio, en función de multitud de factores, pero de forma independiente a la temperatura que resultó en el año anterior, en esta situación, si un año la temperatura estuvo por encima de la media, al año siguiente es más probable que esté por debajo de ese valor, y lo mismo si un año se sitúa por debajo de la media, al siguiente es más probable que lo supere. El valor teórico es 2/3 (66,7 %), que es lo que hemos obtenido. Esto recuerda la expresión «todo lo que sube baja».

Si la temperatura se acordara del valor en el año anterior, la probabilidad de que su variación cambie de signo de un año a otro es del 50 %.

Lo que no es normal es lo que resulta cuando calculamos las veces que se encadenan dos subidas: 24 veces, o dos bajadas: 9 veces. Ambas deberían ser lo mismo, iguales a 16 (95/6). Pero esto se puede explicar si se acepta que la temperatura tiene tendencia a crecer, si esto es así, a cada año, por término medio, el centro respecto el que oscila la temperatura al azar es superior al del año anterior y, por tanto, más probable que observemos un incremento de la temperatura respecto al año anterior y menos probable que veamos una disminución.

Veamos un ejemplo: si tenemos una variable que el primer año puede variar al azar uniformemente entre -1 y 1, pero a cada año que pasa el rango de variación se desplaza una cierta cantidad constante (sesgo) y calculamos el número de alternancias de las variaciones anuales y su desglose, obtenemos los resultados de la tabla 2, para 25 valores del sesgo.

Sin sesgo (primera fila de la tabla 2) los porcentajes son los esperados para la temperatura sin memoria, cuanto mayor es el sesgo más probable son las subidas consecutivas y menos los descensos consecutivos. La sola observación de las alternancias, nos indica de forma directa que la temperatura está creciendo.

sesgo	+-	-+	++	--
0,000	33,4	33,4	16,5	16,7
0,002	33,3	33,3	16,8	16,7
0,004	33,4	33,4	16,9	16,3
0,006	33,2	33,2	17,1	16,4
0,008	33,3	33,3	17,0	16,4

0,010	33,3	33,3	17,2	16,2
0,012	33,3	33,3	17,5	15,9
0,014	33,4	33,4	17,3	15,9
0,016	33,2	33,2	17,5	16,0
0,018	33,3	33,3	17,6	15,7
0,020	33,4	33,4	17,5	15,7
0,022	33,2	33,2	17,9	15,6
0,024	33,3	33,3	17,9	15,6
0,026	33,2	33,2	18,1	15,6
0,028	33,3	33,3	18,0	15,3
0,030	33,4	33,4	18,3	15,0
0,032	33,1	33,1	18,5	15,3
0,034	33,3	33,3	18,3	15,1
0,036	33,4	33,4	18,4	14,8
0,038	33,1	33,1	18,7	15,0
0,040	33,3	33,3	18,7	14,7
0,042	33,2	33,2	18,9	14,6
0,044	33,3	33,3	18,7	14,6
0,046	33,3	33,3	18,9	14,4
0,048	33,2	33,3	19,1	14,4

Tabla 2. Simulación de 100 años y 1 millón de sorteos uniformes en cada año.

Como casos más llamativos de la alternancia del signo encontramos que:
- En el año 1932 la temperatura bajó, respecto del año anterior, 1,2 ºC y al año siguiente subió 1,3 ºC.
- En el año 1943 sube 1,6 ºC y al año siguiente baja 1,1 ºC.
- En el año 1955 sube 1,1 ºC y al año siguiente baja 1,3 ºC.

A una sola estación no hay que dedicarle más tiempo.

6.2 Análisis de estaciones por separado. Mejoras estadísticas

El método que posiblemente más se usa para calcular la pendiente de una serie de datos es la regresión por mínimos cuadrados. Si suponemos que durante el periodo en estudio la temperatura varía de forma constante, es decir, la misma variación todos los años (en el sentido antes mencionado: valor medio a largo plazo) se tratará de una regresión lineal que busca la recta que minimiza las desviaciones (al cuadrado) de los datos anuales respecto a esa recta.

El hecho de elevar las desviaciones al cuadrado es para evitar que desviaciones positivas y negativas se compensen y porque con ello se pueden calcular de forma analítica los valores de la pendiente y la ordenada en el origen de la recta. El inconveniente es que da más peso a las mayores desviaciones, que se magnifican al elevarlas al cuadrado (elevar al cuadrado es ponderar por sí mismo, luego se da más peso a las mayores diferencias), en esta situación, si hay datos atípicos que se apartan de lo que es esperable (normalmente por errores de medida), el resultado se verá distorsionado. Por este motivo se han diseñado métodos, a los que se llama «robustos», que en su mayoría eliminan o ponderan a la baja a los valores extremos. En mi opinión, esto no es aceptable en nuestro caso de temperaturas que, aunque puedan ser atípicas, es poco probable que obedezcan a errores de medida, pero a efectos de contrastar, con los métodos que sí considero aceptables, he calculado la regresión lineal acotando los datos que se diferencian de la media (por arriba o por abajo) más de 2,06 veces la desviación estándar. Para una distribución normal, los datos que se desvían en más o menos 2,06 veces la desviación estándar, representan el 2 % del total.

Además de la regresión lineal, vamos a emplear el estimador Theil-Sen que ya hemos utilizado y el ajuste lineal usando los valores absolutos de las diferencias, en lugar de sus cuadrados, en este caso, el objetivo no es minimizar las diferencias, sino que la suma de diferencias positivas (datos por encima de la recta) sea igual a la suma de las negativas (datos por debajo de la recta), si hacemos mínima la suma de los valores absolutos de las diferencias, podemos encontrar una recta por encima, o por debajo, de todos los datos tal que la suma de las diferencias respecto a esta recta sea menor que respecto a una recta que pase por el medio de los datos, que es lo que esperamos. Para no complicar las tablas de resultados, no se mostrará el resultado del ajuste con valores absolutos, porque en todos los casos ha coincidido con el de la regresión lineal.

Resumiendo, vamos a estimar la variación media de la temperatura, a largo plazo, ajustando los datos a una recta mediante regresión lineal con los datos originales (RL) y con los datos acotados, como se ha dicho (RLa), mediante el estimador Theil-Sen (TS) y mediante la comparación de los datos de la segunda mitad del periodo con los de la primera (T2). En tabla 3 se muestran los resultados para la estación Barcelona Fabra.

T2	RL	RIa	TS
0,0239	0,0235	0,0232	0,0235

Tabla 3. Estimación de la variación media de la temperatura a largo plazo, en la estación de Barcelona Fabra, por diferentes métodos. Valores en ºC por año.

Las diferencias entre métodos son despreciables. En la figura 4 se muestra gráficamente el ajuste de la regresión lineal y del estimador Theil-Sen. La recta del ajuste lineal garantiza que las diferencias (el cuadrado de estas) entre los datos y la recta son las mínimas, puesto que este es el objetivo que se minimiza. En el caso Theil-Sen no se optimiza nada, solo se promedian datos para obtener la variación media de temperatura y se estima una ordenada en el origen de forma indirecta (en el método, en sí, no se contempla una ordenada en el origen), esta ordenada en el origen no coincide con la que resulta de la regresión lineal que, si es resultado de una optimización, pero, en definitiva, lo que importa es la pendiente, y ambas rectas tienen la misma. Para algunos cálculos que vamos a realizar es importante que la recta (pendiente y ordenada en el origen) sea la óptima, por lo que utilizaremos el resultado de la regresión lineal. Respecto a la regresión lineal acotando los datos que se diferencian (por arriba o por abajo) menos de 2,06 veces la desviación estándar (RLa), produce prácticamente el mismo resultado que sin acotarlos.

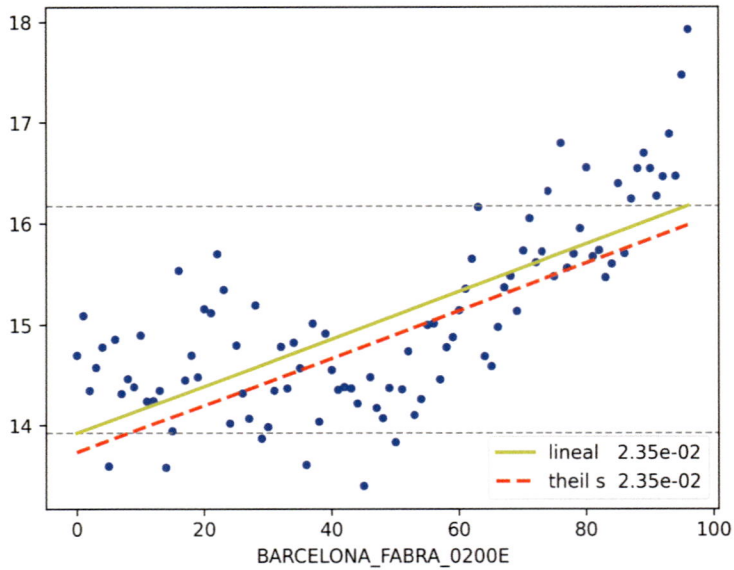

Figura 4. Ajuste de los datos de la estación Barcelona Fabra.

Ahora vamos a mejorar la tabla 1, que contiene la frecuencia de las desviaciones de un año respecto del anterior, para ello vamos a asumir que estas frecuencias siguen una distribución normal (gaussiana), como sugiere la figura 3. Si esto es así, las frecuencias, que ahora ya podemos considerar probabilidades, son las que se muestran en la tabla 4 y en la figura 5 junto a la curva de la distribución normal.

Diferencia con año anterior		Frecuencia		Probabilidad
en °C entre		veces	%	Normal
-4,0	-3,5	0	0,0 %	0,0 %
-3,5	-3,0	0	0,0 %	0,0 %
-3,0	-2,5	0	0,0 %	0,0 %
-2,5	-2,0	0	0,0 %	0,1 %
-2,0	-1,5	0	0,0 %	0,9 %
-1,5	-1,0	6	6,3 %	4,9 %
-1,0	-0,5	13	13,5 %	15,4 %
-0,5	0,0	21	21,9 %	27,6 %
0,0	0,5	36	37,5 %	28,1 %
0,5	1,0	13	13,5 %	16,4 %
1,0	1,5	6	6,3 %	5,4 %
1,5	2,0	1	1,0 %	1,0 %
2,0	2,5	0	0,0 %	0,1 %
2,5	3,0	0	0,0 %	0,0 %
3,0	3,5	0	0,0 %	0,0 %
3,5	4,0	0	0,0 %	0,0 %
		96		

Tabla 4. Probabilidad de las variaciones anuales de un año respecto al anterior, en el periodo de 97 años de la estación Barcelona Fabra, de acuerdo con la distribución de probabilidad normal (gaussiana).

Vemos que la probabilidad de que la temperatura de un año esté entre -0,50 °C y 0,50 °C de la del año anterior, es del 56 % (27,6 %+28,1 %) y, por tanto, del 44 % de que se diferencie medio grado o más (arriba o abajo), de la del año anterior. Valores prácticamente coincidentes con los obtenidos a partir de las frecuencias, lo que refuerza la hipótesis de que las desviaciones se ajustan a la distribución normal. Al fin y al cabo, la suma de un gran número de variables aleatorias se distribuye aproximadamente como la distribución normal y la temperatura es el resultado de innumerables factores.

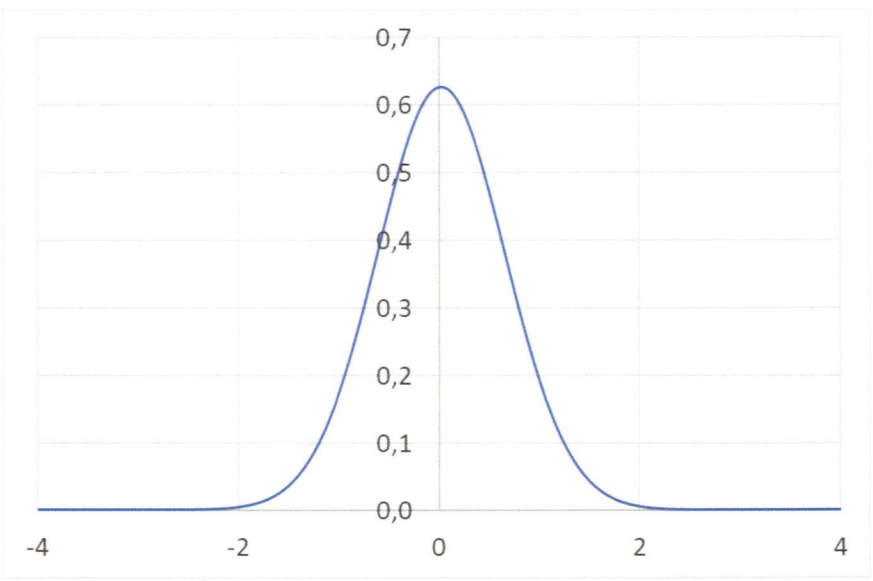

Figura 5. Probabilidad de las variaciones anuales de un año respecto al anterior, en el periodo de 97 años de la estación Barcelona Fabra, de acuerdo con la distribución de probabilidad normal (gaussiana).

Para mostrar visualmente el efecto del incremento medio de la temperatura a largo plazo, vamos a calcular la frecuencia de las desviaciones de los datos, respecto de la recta obtenida mediante la regresión lineal y compararla con las desviaciones de los datos respecto de la temperatura media del periodo (que recordamos se llama anomalía).

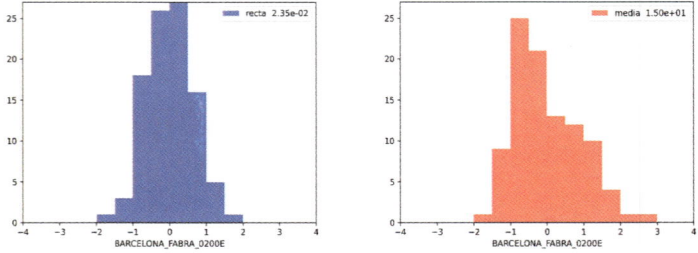

Figura 6. Frecuencia de las desviaciones de los datos, respecto de la recta obtenida mediante la regresión lineal (izquierda) comparada

con las desviaciones de los datos respecto de la temperatura media
del periodo (derecha).

Las desviaciones respecto a la recta son simétricas y la curva es menos ancha (desviaciones menores) que la curva de las desviaciones sobre la media, que además se extiende más a la derecha del cero.

Hasta ahora todos los cálculos los hemos realizado con valores anuales, pero disponemos de los datos diarios registrados en la estación de Barcelona Fabra, son 35 405 valores (figura 7), por lo que hemos repetido los cálculos, usando estos 35 405 valores diarios en lugar de los 97 valores anuales.

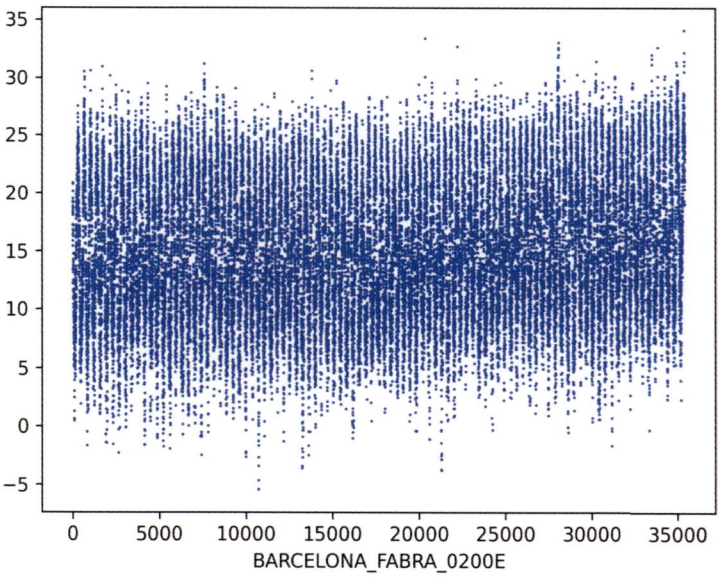

Figura 7. Representación de los 35 405 valores diarios de temperatura
media registrados en la estación Barcelona Fabra.

El incremento de temperatura resultante de los diferentes métodos que estamos utilizando se ven en la tabla 5, junto a los obtenidos con datos anuales.

	T2	RL	Rla	TS
Anual	0,0239	0,0235	0,0232	0,0235
Diario	0,0239	0,0250	0,0249	0,0247

Tabla 5. Estimación de la variación media de la temperatura a largo plazo, en la estación de Barcelona Fabra, por diferentes métodos utilizando datos anuales y diarios. Valores en °C por año.

Para el método que compara los datos de la segunda mitad del periodo con los de la primera (T2) los resultados son iguales, para el resto ligeramente superiores, pero significativamente iguales.

Si usamos valores intermedios entre anuales y diarios, como son los mensuales (1.164 valores), el resultado está en la tabla 6 y son los mismos que los anuales, salvo el estimador Theil-Sen, aunque difiere muy poco.

	T2	RL	Rla	TS
Anual	0,0239	0,0235	0,0232	0,0235
Mensual	0,0239	0,0250	0,0249	0,0251
Diario	0,0239	0,0250	0,0249	0,0247

Tabla 6. Estimación de la variación media de la temperatura a largo plazo por diferentes métodos utilizando datos anuales, mensuales y diarios. Valores en °C por año.

Todo esto solo ha servido para confirmar un incremento medio anual de la temperatura a largo plazo de 2,4 °C en un siglo, pero ahora con mayor confianza.

Lo mismo que hemos calculado el incremento de temperatura para años completos, podemos calcularlo para cada uno de los meses del año. Los resultados en la tabla 7 y figura 8.

mes	media °C	incremento °C año
1	7,8	0,027
2	8,6	0,029
3	10,8	0,022
4	12,9	0,017
5	16,4	0,022
6	20,5	0,022
7	23,4	0,020
8	23,3	0,026
9	20,4	0,017
10	16,2	0,028
11	11,5	0,020
12	8,5	0,032
	15,0	0,023

Tabla 7. Estimación mediante regresión lineal de la variación media de la temperatura a largo plazo en cada uno de los meses del año.

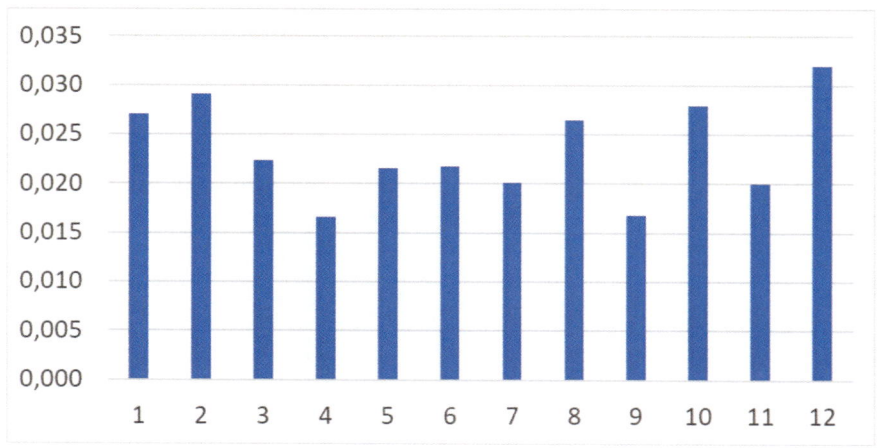

Figura 8. Estimación mediante regresión lineal de la variación media de la temperatura a largo plazo en cada uno de los meses del año.

Para la estación Barcelona Fabra no se aprecia una pauta clara en la evolución por meses, si acaso, la temperatura crece más en los meses de invierno.

Hasta ahora hemos buscado el incremento de temperatura en la hipótesis de que la temperatura se ha ido incrementando a lo largo de los años de forma constante, sin embargo, hay claros indicios de que no es así. La figura 9 muestra los resultados de calcular la variación en periodos de 30 años.

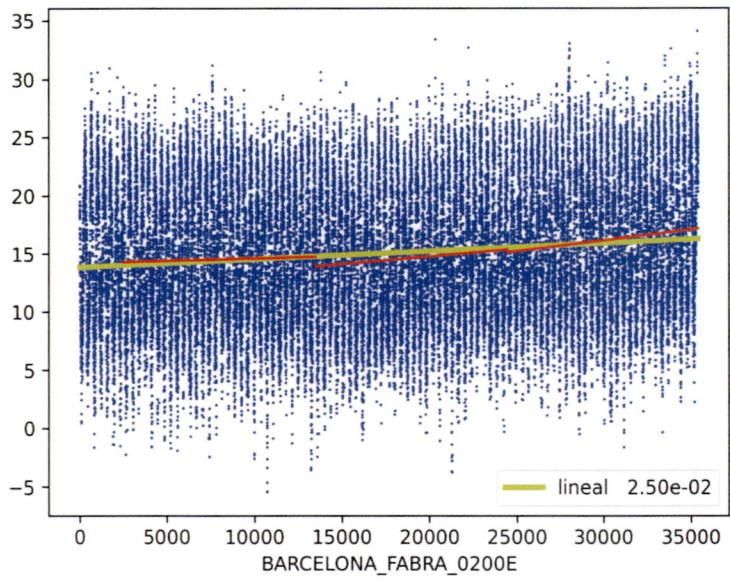

BARCELONA_FABRA_0200E

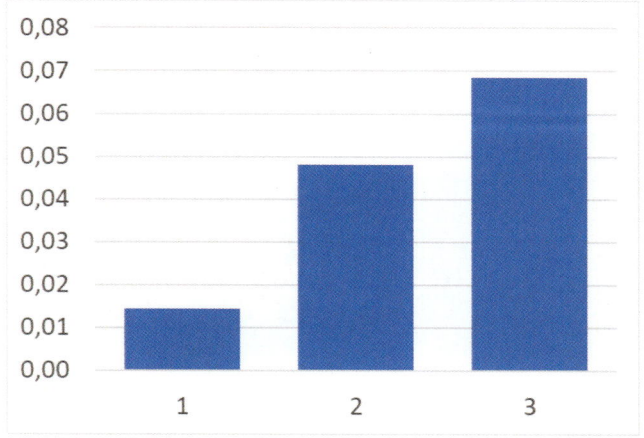

Figura 9. Estimación mediante regresión lineal de la variación media de la temperatura a largo plazo en periodos de 30 años (líneas rojas), comparada con la del total del periodo (línea amarilla). En la parte inferior la pendiente (incremento de temperatura) en esos 3 periodos.

Se observa que la inclinación de las sucesivas rectas rojas (regresiones con 30 años) es cada vez mayor. Si la variación de la temperatura fuese constante, todas las rectas de 30 años tendrían la misma pendiente que la de 97 años, pero si la variación de temperatura es cada vez mayor, los sucesivos periodos de 30 años tendrían cada vez más pendiente. Decimos que esto es un indicio y no una prueba porque no tenemos seguridad de que 30 años sea un periodo suficiente para estimar la variación de temperatura, si en lugar de periodos de 30 años se utilizan periodos de 10 años, los resultados se muestran en la figura 10.

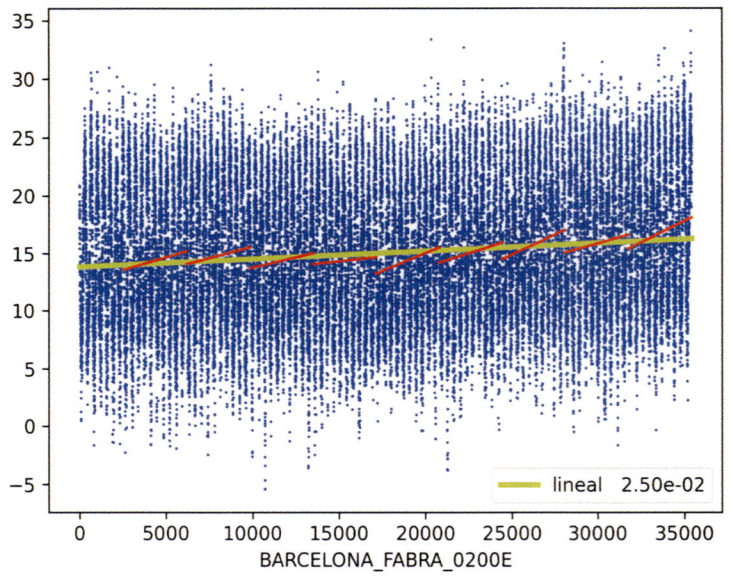

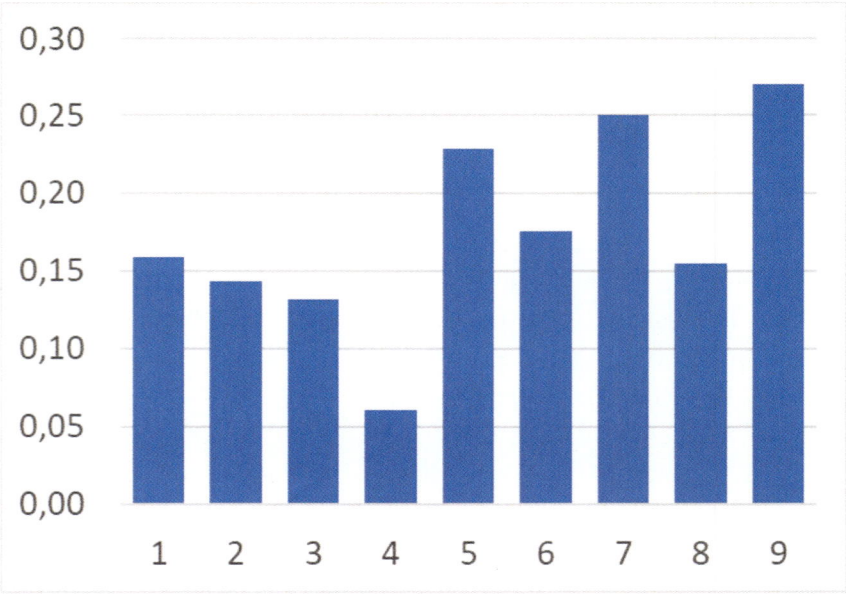

Figura 10. Estimación mediante regresión lineal de la variación media de la temperatura a largo plazo en periodos de 10 años (líneas rojas), comparada con la del total del periodo (línea amarilla).

La evolución de las pendientes de los sucesivos periodos de 10 años ya no es tan evidente.

La hipótesis más sencilla que podemos hacer para un incremento de temperaturas que no sea constante es que la variación del incremento sea constante. Pasamos del movimiento uniforme al movimiento uniformemente acelerado, cuya fórmula es:

$$Y = Y0 + V * t + \frac{1}{2} A * t^2$$

Fórmula 1. Evolución de la temperatura en la hipótesis de un incremento acelerado.

Siendo **t** el tiempo, **Y** la temperatura, **V** el incremento de temperatura al inicio del periodo y **A** el incremento de **V** con el tiempo, o aceleración (el incremento del incremento de temperatura).

Para ver cómo responde este modelo, con incremento de temperatura acelerado, vamos a realizar una regresión de grado dos. Esta regresión siempre se ajustará igual o mejor que la regresión lineal, porque si no hay nada mejor que una recta, la regresión dará una **A** igual a 0.

En la tabla 8 y las figuras 11 y 12 se muestran los resultados junto a los ajustes anteriores, ya no mostramos es resultado de la regresión lineal acotando los valores extremos (RLa) porque no difiere significativamente de la RL.

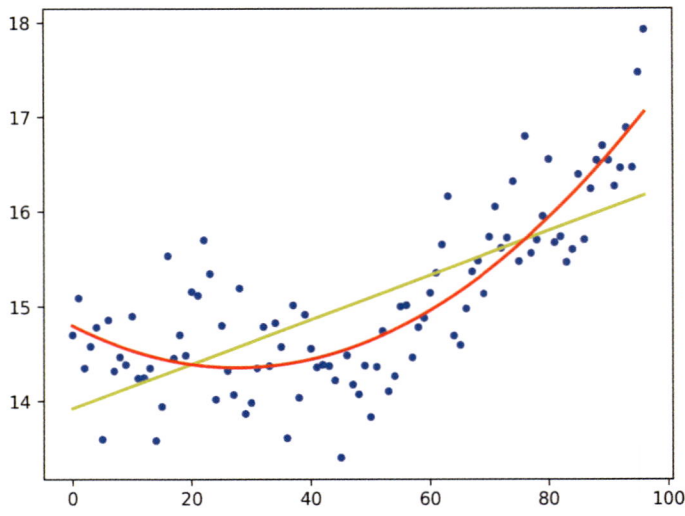

Figura 11. Resultado de la regresión de grado 2, comparada con la regresión lineal, ambas con datos anuales.

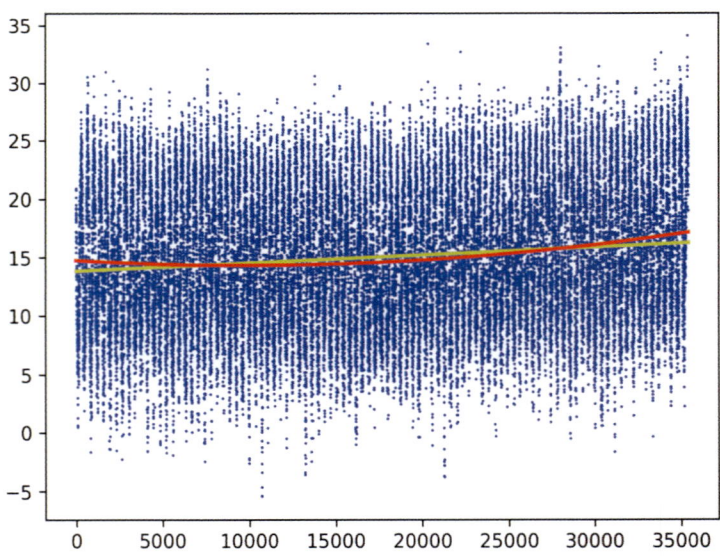

Figura 12. Resultado de la regresión de grado 2, comparada con la regresión lineal, ambas con datos diarios.

	T2	RL	TS	Yo	V	A	media 5 años
Anual	0,0239	0,0235	0,0235	14,8	-0,03196	0,001155	0,0766
Mensual	0,0239	0,0250	0,0251	14,7	-0,03068	0,001149	0,0778
Diario	0,0239	0,0250	0,0247	14,7	-0,03081	0,001151	0,0779

Tabla 8. Resultado de la regresión de grados 2, comparada con las estimaciones bajo la hipótesis de un incremento constante de la temperatura. Los valores de T2, RL y TS están en ºC por año, Yo está en ºC, V en ºC/año y A en ºC/año².

Los primeros años la temperatura decrece y de aquí que V (el incremento de temperatura inicial) sea negativa y existe una A (aceleración) positiva de una milésima de grado centígrado, que es lo que se incrementa el «incremento de temperatura» a cada año, por eso hasta el año número 32 (año 1958) la temperatura decrece, cada año un poco menos, para luego ir en aumento, cada año un poco más.

En la figura 11 se ve que en los primeros años del periodo el incremento de temperatura es negativo para, un poco antes de la mitad, cambiar a positivo y creciente, como podía adelantarse viendo los valores de los datos anuales que se muestran en la figura 1.

Para traducir la fórmula del polinomio a un número que podamos comparar, en la tabla 8 se muestra el valor de su gradiente (el incremento de temperatura) promediado en los últimos 5 años. En el pasado más reciente la temperatura se ha incrementado a una tasa de 0,078 ºC (7,8 ºC en un siglo). Hay que recalcar que este valor no es el resultado de un análisis en un periodo de 5 años, el periodo considerado, que es el que determina los coeficientes del polinomio, son los 97 años. Luego aplicamos este polinomio, representativo de la totalidad del periodo, a los últimos 5 años.

Aquí termina la descripción del modelo de análisis aplicado a una instalación, para hablar del conjunto de España hay que referirse al mayor número de estaciones posible.

6.3 Análisis del conjunto de estaciones

Una vez establecida la metodología aplicable a una instalación se trata de aplicarla al mayor número posible de estaciones y luego «promediarlos». Aquí surge la primera duda, que significa «promediarlos», lo más simple es hacer la media aritmética de los valores obtenidos para cada estación, otra forma es la media ponderada por la temperatura media de cada estación, esta forma parece adecuada si hablamos de «calentamiento global», porque un incremento en una estación con una temperatura media mayor que otra, está midiendo un calentamiento de la atmósfera mayor. Otra posibilidad es emplear el concepto de anomalías, usado ampliamente en la literatura del cambio climático, en lugar de trabajar directamente con las temperaturas, se usa, para cada estación, la diferencia entre la temperatura y la media de la temperatura en un determinado periodo, simplemente estamos cambiando el cero de la temperatura y esto no tiene ninguna trascendencia en el cálculo de pendientes, pero al hacerlo estación a estación, el agregado de un conjunto de ellas no es igual que el agregado de sus temperaturas (el valor de referencia es distinto para cada estación), se supone que este es un agregado más homogéneo. Como vamos a ver en las tablas 9 y 10, la diferencia en los resultados obtenidos, mediante las tres formas indicadas, no es significativa, y lo mejor es lo más sencillo, así que utilizaré la media aritmética de las estaciones.

Decimos que hay que promediar el mayor número de estaciones, porque el periodo de análisis debe ser el mismo para todas ellas y ya vimos que la disponibilidad de los datos depende de cada una. Si queremos usar un periodo de 50 años, solo hay disponibles 49 estaciones y hay que bajar a 40 años para aumentar a 62 estaciones.

En la tabla 9 se muestran los resultados de cada una de las 49 estaciones con datos en un periodo de 50 años y en la tabla 10 los de las 62 estaciones con 40 años de datos. La tabla 11 compara ambos periodos.

Estación	T media	T2	RL	TS	media 5 años
A_CORUNA_1387	14,8	0,0309	0,0368	0,0379	0,0161
ALACANT_ALICANTE_8025	18,3	0,0342	0,0411	0,0417	0,0268
ALBACETE_BASE_AEREA_8175	14,4	0,0470	0,0564	0,0563	0,0420
ALCANTARILLA_BASE_AEREA_7228	18,4	0,0365	0,0450	0,0452	0,0559
ALICANTE_ELCHE_AEROPUERTO_8019	18,3	0,0164	0,0304	0,0308	0,0260
ALMERIA_AEROPUERTO_6325O	19,1	0,0224	0,0336	0,0317	0,0197
BADAJOZ_AEROPUERTO_4452	17,1	0,0309	0,0431	0,0428	0,0361
BARCELONA_AEROPUERTO_0076	16,3	0,0568	0,0657	0,0651	0,0774
BARCELONA_FABRA_0200E	15,6	0,0534	0,0612	0,0616	0,0603
BURGOS_AEROPUERTO_2331	10,7	0,0396	0,0468	0,0464	0,0163
CIUDAD_REAL_4121	15,5	0,0526	0,0670	0,0656	0,0048
CUENCA_8096	13,3	0,0564	0,0659	0,0641	0,0830
DAROCA_9390	13,0	0,0357	0,0439	0,0443	0,0055
DONOSTIA__SAN_SEBASTIAN_IGEL-DO_1024E	13,6	0,0290	0,0375	0,0388	0,0237
ESTACION_DE_TORTOSA_(ROQUE-TES)_9981A	17,9	0,0384	0,0464	0,0467	0,0560
FUERTEVENTURA_AEROPUERTO_C249I	21,0	0,0394	0,0430	0,0445	0,0052
GETAFE_3200	15,2	0,0477	0,0583	0,0563	0,0779
GRAN_CANARIA_AEROPUERTO_C649I	21,1	0,0262	0,0325	0,0337	0,0005
GRANADA_AEROPUERTO_5530E	15,6	0,0384	0,0514	0,0496	0,0689
HONDARRIBIA_MALKARROA_1014	14,9	0,0307	0,0396	0,0406	0,0187
IZANA_C430E	10,3	0,0277	0,0327	0,0341	0,0135
JEREZ_DE_LA_FRONTERA_AEROPUER-TO_5960	18,2	0,0241	0,0308	0,0318	0,0153
LANZAROTE_AEROPUERTO_C029O	21,2	0,0360	0,0408	0,0426	0,0167
LEON_VIRGEN_DEL_CAMINO_2661	11,2	0,0157	0,0307	0,0311	0,0456
LOGRONO_AEROPUERTO_9170	14,0	0,0295	0,0392	0,0393	0,0340
MADRID_AEROPUERTO_3129	14,7	0,0324	0,0478	0,0464	0,0610
MADRID_CUATRO_VIENTOS_3196	15,0	0,0442	0,0569	0,0549	0,0487
MADRID_RETIRO_3195	15,2	0,0372	0,0512	0,0485	0,0500
MALAGA_AEROPUERTO_6155A	18,6	0,0462	0,0521	0,0506	0,0594
MELILLA_6000A	19,0	0,0238	0,0346	0,0334	0,0287
MENORCA_AEROPUERTO_B893	17,2	0,0259	0,0357	0,0353	-0,0106
MOLINA_DE_ARAGON_3013	10,7	0,0301	0,0430	0,0437	0,0399

MORON_DE_LA_FRONTERA_5796	18,0	0,0463	0,0577	0,0572	0,0579
PONFERRADA_1549	13,2	0,0336	0,0475	0,0485	0,0549
PUERTO_DE_NAVACERRADA_2462	7,1	0,0426	0,0550	0,0562	0,0589
SALAMANCA_AEROPUERTO_2867	12,2	0,0227	0,0393	0,0402	0,0060
SAN_JAVIER_AEROPUERTO_7031	17,7	0,0370	0,0442	0,0446	0,0229
SANTIAGO_DE_COMPOSTELA_AERO-PUERTO_1428	13,0	0,0258	0,0367	0,0376	0,0086
SEVILLA_AEROPUERTO_5783	19,2	0,0420	0,0489	0,0483	0,0005
STA_CRUZ_DE_TENERIFE_C449C	21,6	0,0276	0,0310	0,0320	0,0315
TENERIFE_NORTE_AEROPUERTO_C447A	16,8	0,0163	0,0262	0,0275	0,0117
TORREJON_DE_ARDOZ_3175	14,6	0,0267	0,0384	0,0376	-0,0046
VALENCIA_AEROPUERTO_8414A	17,6	0,0273	0,0369	0,0380	0,0116
VALENCIA_8416	18,4	0,0369	0,0427	0,0434	0,0216
VALLADOLID_AEROPUERTO_2539	11,5	0,0214	0,0361	0,0361	0,0301
VALLADOLID_2422	12,8	0,0321	0,0473	0,0467	0,0451
VIGO_AEROPUERTO_1495	14,1	0,0276	0,0386	0,0387	0,0253
ZAMORA_2614	13,3	0,0298	0,0481	0,0482	0,0473
ZARAGOZA_AEROPUERTO_9434	15,6	0,0440	0,0556	0,0555	0,0505
Media simple estaciones	15,6	**0,0342**	**0,0443**	**0,0443**	**0,0327**
Media ponderada estaciones		**0,0342**	**0,0440**	**0,0440**	**0,0318**
Resultado con anomalías		**0,0342**	**0,0443**	**0,0438**	

Tabla 9. Estaciones con 50 años de datos (1973-2023), todas las cifras son medias anuales en ºC.

Estación	T media	T2	RL	TS	media 5 años
A_CORUNA_AEROPUERTO_1387E	14,0	0,0217	0,0319	0,0334	0,0277
A_CORUNA_1387	15,0	0,0256	0,0340	0,0348	0,0228
ALACANT_ALICANTE_8025	18,5	0,0257	0,0387	0,0390	0,0408
ALBACETE_BASE_AEREA_8175	14,6	0,0386	0,0551	0,0545	0,0691
ALBACETE_8178D	15,3	0,0522	0,0641	0,0633	0,0662
ALCANTARILLA_BASE_AEREA_7228	18,5	0,0351	0,0496	0,0498	0,0799
ALICANTE_ELCHE_AEROPUER-TO_8019	18,5	0,0012	0,0240	0,0236	0,0921
ALMERIA_AEROPUERTO_6325O	19,3	0,0117	0,0260	0,0241	0,0616

AVILA_2444	11,4	0,0632	0,0775	0,0767	0,0743
BADAJOZ_AEROPUERTO_4452	17,4	0,0253	0,0415	0,0410	0,0647
BARCELONA_AEROPUERTO_0076	16,6	0,0640	0,0732	0,0725	0,0756
BARCELONA_FABRA_0200E	15,9	0,0436	0,0612	0,0611	0,0846
BURGOS_AEROPUERTO_2331	11,0	0,0235	0,0439	0,0438	0,0212
CACERES_3469A	16,6	0,0205	0,0365	0,0359	0,0615
CASTELLO_ALMASSORA_8500A	17,9	0,0437	0,0584	0,0584	0,0313
CIUDAD_REAL_4121	15,9	0,0330	0,0532	0,0518	0,0532
CUENCA_8096	13,6	0,0600	0,0728	0,0713	0,0983
DAROCA_9390	13,3	0,0229	0,0398	0,0405	0,0141
DONOSTIA_SAN_SEBASTIAN_IGEL-DO_1024E	13,8	0,0185	0,0351	0,0349	0,0384
ESTACION_DE_TORTOSA_(ROQUE-TES)_9981A	18,1	0,0363	0,0524	0,0520	0,0694
FORONDA_TXOKIZA_9091O	12,0	0,0240	0,0435	0,0432	0,0465
FUERTEVENTURA_AEROPUERTO_C249I	21,3	0,0436	0,0331	0,0340	0,0261
GETAFE_3200	15,5	0,0516	0,0674	0,0659	0,0920
GRAN_CANARIA_AEROPUERTO_C649I	21,3	0,0113	0,0237	0,0245	0,0168
GRANADA_AEROPUERTO_5530E	15,8	0,0290	0,0552	0,0528	0,1007
HIERRO_AEROPUERTO_C929I	21,4	0,0284	0,0283	0,0291	0,0093
HONDARRIBIA_MALKARROA_1014	15,1	0,0169	0,0359	0,0357	0,0389
IBIZA_AEROPUERTO_B954	18,3	-0,0085	0,0079	0,0073	-0,0052
IZANA_C430E	10,4	0,0168	0,0297	0,0319	0,0284
JEREZ_DE_LA_FRONTERA_AERO-PUERTO_5960	18,3	0,0192	0,0317	0,0330	0,0173
LANZAROTE_AEROPUERTO_C029O	21,4	0,0353	0,0354	0,0363	0,0310
LEON_VIRGEN_DEL_CAMINO_2661	11,3	0,0128	0,0312	0,0329	0,0979
LLEIDA_9771C	15,4	0,0381	0,0571	0,0570	0,0785
LOGRONO_AEROPUERTO_9170	14,2	0,0238	0,0392	0,0394	0,0564
MADRID_AEROPUERTO_3129	14,8	0,0415	0,0546	0,0534	0,0777
MADRID_CUATRO_VIENTOS_3196	15,3	0,0365	0,0565	0,0548	0,0778
MADRID_RETIRO_3195	15,4	0,0351	0,0515	0,0498	0,0834
MALAGA_AEROPUERTO_6155A	18,9	0,0438	0,0548	0,0534	0,0749
MELILLA_6000A	19,2	0,0175	0,0287	0,0276	0,0707
MENORCA_AEROPUERTO_B893	17,5	0,0057	0,0246	0,0237	0,0068
MOLINA_DE_ARAGON_3013	10,9	0,0269	0,0437	0,0443	0,0648

MORON_DE_LA_FRONTERA_5796	18,3	0,0430	0,0582	0,0577	0,0891
PALMA_DE_MALLORCA_AEROPUER-TO_B278	16,9	0,0377	0,0528	0,0528	0,0584
PALMA_PUERTO_B228	18,6	0,0257	0,0459	0,0449	0,0635
PONFERRADA_1549	13,4	0,0323	0,0492	0,0501	0,0841
PUERTO_DE_NAVACERRADA_2462	7,3	0,0381	0,0543	0,0563	0,1032
SALAMANCA_AEROPUERTO_2867	12,4	0,0122	0,0286	0,0302	0,0543
SAN_JAVIER_AEROPUERTO_7031	17,9	0,0274	0,0409	0,0409	0,0438
SANTIAGO_DE_COMPOSTELA_AE-ROPUERTO_1428	13,2	0,0155	0,0289	0,0299	0,0389
SEVILLA_AEROPUERTO_5783	19,5	0,0304	0,0431	0,0426	-0,0087
STA_CRUZ_DE_TENERIFE_C449C	21,7	0,0246	0,0327	0,0332	0,0360
TENERIFE_NORTE_AEROPUERTO_C447A	17,0	0,0023	0,0187	0,0179	0,0561
TENERIFE_SUR_AEROPUERTO_C429I	21,5	0,0131	0,0179	0,0193	0,0642
TOLEDO_3260B	16,2	0,0355	0,0552	0,0544	0,0867
TORREJON_DE_ARDOZ_3175	14,8	0,0132	0,0299	0,0290	0,0238
VALENCIA_AEROPUERTO_8414A	17,8	0,0071	0,0315	0,0320	0,0393
VALENCIA_8416	18,6	0,0254	0,0423	0,0426	0,0197
VALLADOLID_AEROPUERTO_2539	11,7	0,0173	0,0349	0,0360	0,0662
VALLADOLID_2422	13,0	0,0243	0,0456	0,0453	0,0854
VIGO_AEROPUERTO_1495	14,3	0,0214	0,0338	0,0334	0,0579
ZAMORA_2614	13,5	0,0242	0,0445	0,0453	0,0976
ZARAGOZA_AEROPUERTO_9434	15,9	0,0385	0,0559	0,0556	0,0793
Media simple estaciones	**16,0**	**0,0278**	**0,0427**	**0,0426**	**0,0561**
Media ponderada estaciones		**0,0276**	**0,0419**	**0,0418**	**0,0543**
Resultado con anomalías		**0,0278**	**0,0427**	**0,0422**	

Tabla 10. Estaciones con 40 años de datos (1983-2023), todas las cifras son medias anuales en ºC.

Estación	media	T2	RL	TS	5 años
Media aritmética 49 estaciones. 50 años de datos	15,6	0,034	0,044	0,044	0,033
Media aritmética 62 estaciones. 40 años de datos	16,0	0,028	0,043	0,043	0,056

Tabla 11. Resumen del incremento de temperatura obtenido para los conjuntos de estaciones con 50 y 40 años de datos, todas las cifras son medias anuales en ºC.

Mientras que el incremento de temperatura como un valor constante es similar en ambos conjuntos de estaciones, en el caso de introducir la posibilidad de que el incremento de temperatura sea variable (incremento acelerado de la temperatura), se llega a resultados muy diferentes para la media de los últimos 5 años calculada con la regresión de grado dos: 0,033 para el periodo de 50 años y 0,056 para el del 40.

Esto se debe a que en el periodo 1973-1983, que forma parte del periodo de 50 años, pero no del de 40, las temperaturas crecieron considerablemente (2 o 3 veces más que en otros periodos) y, al ser los primeros años del periodo de 50 años, hace que la regresión de grado dos sea cóncava, decreciente en los últimos años. Por el contrario, para el periodo de 40 años la regresión de grado dos es convexa, con los últimos años del periodo crecientes, lo que produce un incremento de la temperatura mayor que con un periodo de 50 años. Las figuras 13 y 14 muestran esto, tomando como ejemplo la estación Barcelona Fabra.

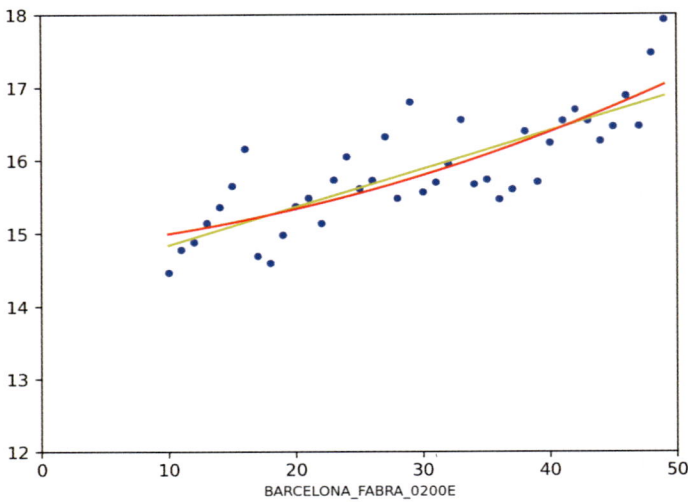

Figura 13. Regresión de grado dos para estación Barcelona Fabra en el periodo de 40 años. La curva es convexa, con los últimos años del periodo crecientes.

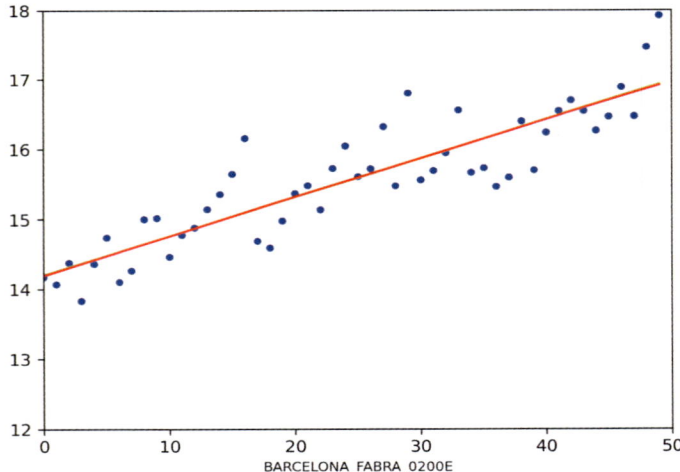

Figura 14. Regresión de grado dos para estación Barcelona Fabra en el periodo de 50 años. La incorporación de los primeros 10 años, respecto al periodo de 40 años, que tienen tendencia creciente, hace que la curva no sea convexa, en realidad, es cóncava, con los últimos años del periodo decrecientes.

La conclusión es que mientras que un periodo de 40 o 50 años es suficiente para estimar un crecimiento constante de la temperatura, no lo es para un crecimiento acelerado. Si buscar centésimas de grado (incremento de temperatura) en series de temperaturas que varían grados es buscar una aguja en un pajar, buscar milésimas de grado (aceleración de las temperaturas) es una tarea microscópica que requiere periodos de datos mucho más grandes.

Si queremos tener una idea mínimamente confiable del valor de la aceleración hay que utilizar los periodos más largos que podamos, aunque sean muy pocas las estaciones que lo cumplen. A nuestro favor está que, para grupos con un número de estaciones muy diferentes, se obtienen resultados del mismo orden, cuando los periodos de cálculo son los mismos, tabla 12 y figura 15. Lo cual es lógico, porque todas son estaciones cercanas a nivel del planeta. Hay que recordar que el valor de la aceleración (A) es el doble del coeficiente de grado dos de la regresión (fórmula 1).

V. Incremento Temperatura	Nº estaciones					
Periodo de 10 años	62	49	36	25	13	3
01/09/1983 - 31/08/1993	0,50	1,20	1,93	2,68	3,28	3,81
01/09/1993 - 31/08/2003	-0,02	-0,10	-0,24	-0,56	-0,33	0,84
01/09/2003 - 31/08/2013	0,10	0,12	0,23	0,32	0,05	-0,03
01/09/2013 - 31/08/2023	-1,61	-2,11	-2,37	-2,87	-4,08	-4,39

A. Aceleración Temperatura	Nº estaciones					
Periodo de 10 años	62	49	36	25	13	3
01/09/1983 - 31/08/1993	-0,071	-0,070	-0,071	-0,072	-0,070	-0,068
01/09/1993 - 31/08/2003	0,013	0,011	0,012	0,016	0,009	-0,010
01/09/2003 - 31/08/2013	0,002	0,001	-0,001	-0,003	0,001	0,002
01/09/2013 - 31/08/2023	0,052	0,051	0,047	0,048	0,057	0,054

Variación T 5 últimos años	Nº estaciones					
Periodo de 10 años	62	49	36	25	13	3
01/09/1983 - 31/08/1993	-0,03	-0,03	-0,03	-0,03	-0,04	-0,07
01/09/1993 - 31/08/2003	0,20	0,19	0,20	0,22	0,20	0,14
01/09/2003 - 31/08/2013	0,16	0,17	0,16	0,16	0,14	0,10
01/09/2013 - 31/08/2023	0,33	0,33	0,32	0,34	0,35	0,33

Tabla 12. Coeficientes V y A de la regresión de grado dos y promedio de la variación de temperatura en los 5 últimos años del periodo usando esta regresión. Los valores de V están en ºC/año, A en ºC/año² y la variación en los últimos 5 años en ºC.

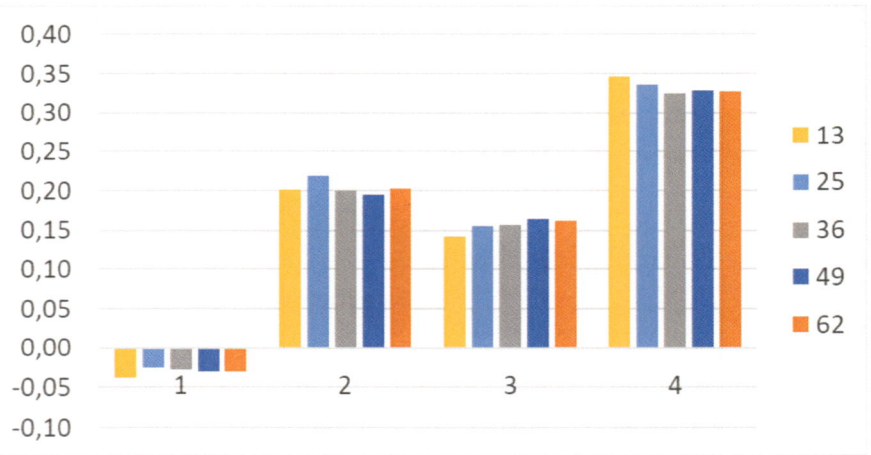

Figura 15. Promedio de la variación de temperatura en los 5 últimos años, usando la regresión de grado dos con datos diarios, para cada uno de los cuatro periodos de la tabla 12, el periodo 1 es la primera fila (01/09/1983 - 31/08/1993) y el 4 la última.

El resumen de los resultados de diferentes grupos de estaciones se muestra en la tabla 13 y la figura 16. Cuanto más corto es el periodo, mayor es el incremento de temperatura, apoyando el incremento acelerado de la temperatura, pero a la vez con más incertidumbre, cuanto más corto es el periodo.

Años	Estaciones	T2	RL	TS	Yo	V	A	media 5 años
40	62	0,028	0,043	0,043	15,3	0,0274	0,00076	0,056
50	49	0,034	0,044	0,044	14,4	0,0572	-0,00052	0,033
60	36	0,038	0,039	0,039	13,6	0,0272	0,00040	0,050
70	25	0,032	0,032	0,032	14,2	-0,0009	0,00095	0,063
80	13	0,026	0,026	0,025	14,6	-0,0090	0,00086	0,058
90	3	0,020	0,020	0,020	16,2	-0,0156	0,00080	0,054

*Tabla 13. Resultados de la regresión lineal y de grado dos para distintos periodos de cálculo y, por tanto, distinto número de estaciones. Todos los cálculos con datos diarios. Los valores de **T2**, **RL** y **TS** están en ºC por año. **Yo** está en ºC, **V** en ºC/año y **A** en ºC/año².*

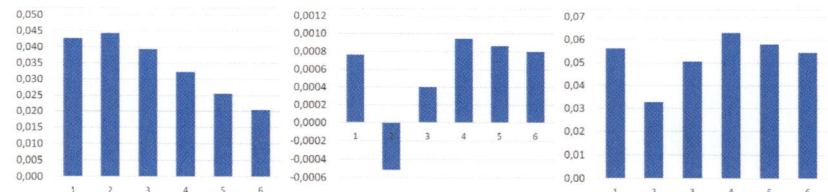

Figura 16. Las figuras de izquierda a derecha: Incremento de temperatura resultante de la regresión lineal, aceleración resultante de la regresión de grado 2 y Promedio de la variación de temperatura en los 5 últimos años del periodo usando la regresión de grado 2. Las barras de izquierda a derecha corresponden a los grupos de estaciones (62, 49, 36, 25, 13 y 3 estaciones) con datos para: 40, 50, 60, 70, 80 y 90 años. Todos los cálculos son con datos diarios.

Para decidir con que resultados nos quedamos hay que mantener un equilibrio entre la duración del periodo de cálculo y el número de estaciones con datos para ese periodo. A la vista de la tabla 13, parece razonable elegir el periodo de 70 años, que cumplen 25 estaciones (figura 17).

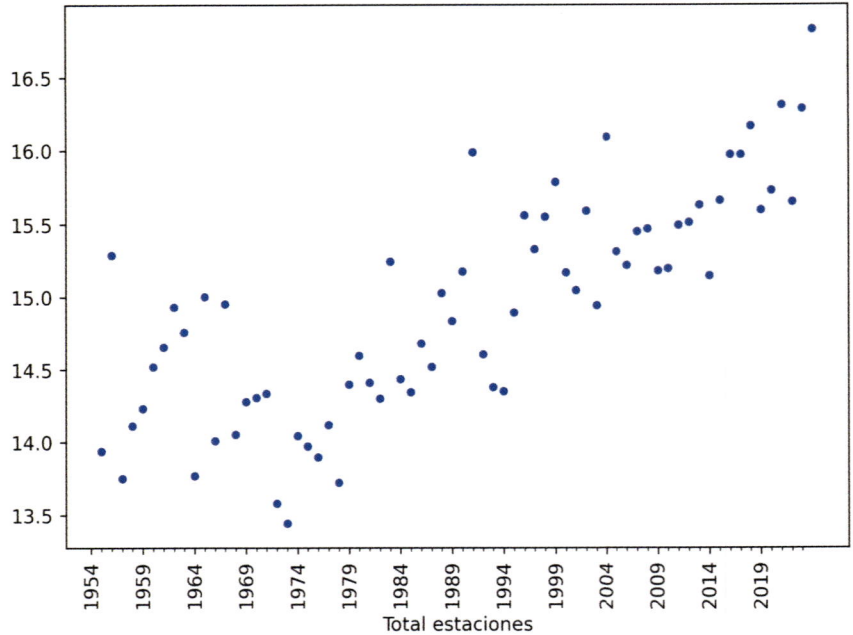

Figura 17. Valor medio anual de la temperatura en el conjunto de 25 estaciones con 70 años de datos.

Con las 25 estaciones que tienen datos para 70 años, encontramos:

- Que en el supuesto de un incremento de temperatura constante (regresión lineal), en el periodo de los 70 años el incremento es de 0,032 °C por año (3,2 °C en un siglo).
- Que en el supuesto de que el incremento de temperatura anual no sea constante, sino que a su vez se incremente a cada año (regresión de grado dos), se obtiene un incremento del incremento (aceleración) de 0,0009 °C por año.

Estos resultados se refieren a lo ocurrido desde el año 1953 hasta el 2023, en el caso de que la atmósfera evolucione en los próximos 100 años de la misma forma que lo ha hecho durante ese periodo, al final (en el año 2123) encontraríamos un incremento de la temperatura, respecto de la actual, de 3 °C en la hipótesis de incremento constante (regresión lineal) y de 11 °C con incremento variable (regresión de grado dos) figura 18.

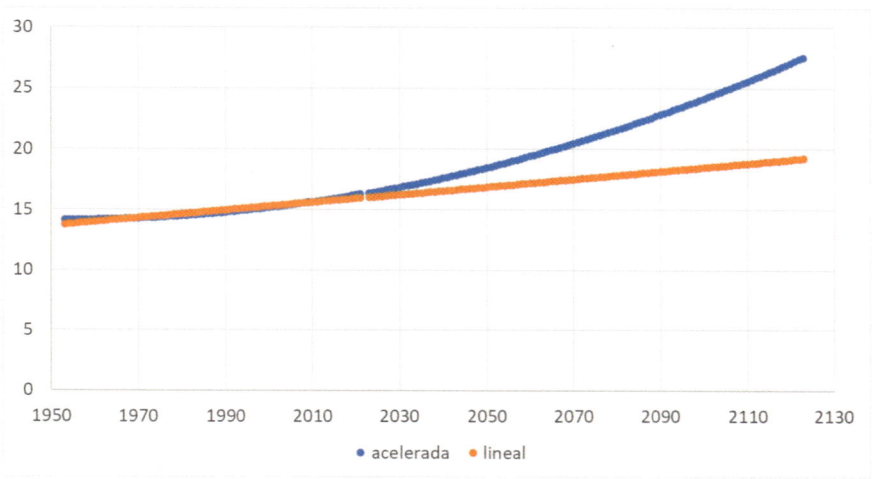

Figura 18. Evolución de la temperatura media anual según las regresiones lineal (color naranja) y de grados dos (azul) obtenida con las 25 estaciones que tienen datos para 70 años, la discontinuidad marca el año 2023.

Para comparar, con las 36 estaciones que tienen datos para 60 años, se obtiene:

- Que en el supuesto de un incremento de temperatura constante (regresión lineal) el incremento es de 0,039 °C por año (3,9 °C en un siglo).
- Que en el supuesto de que el incremento de temperatura anual no sea constante, sino que a su vez se incremente a cada año (regresión de grado dos), se obtiene una aceleración de 0,0004 °C por año, de forma que pasado un siglo la temperatura sería 7,5 °C más alta (figura 18 bis).

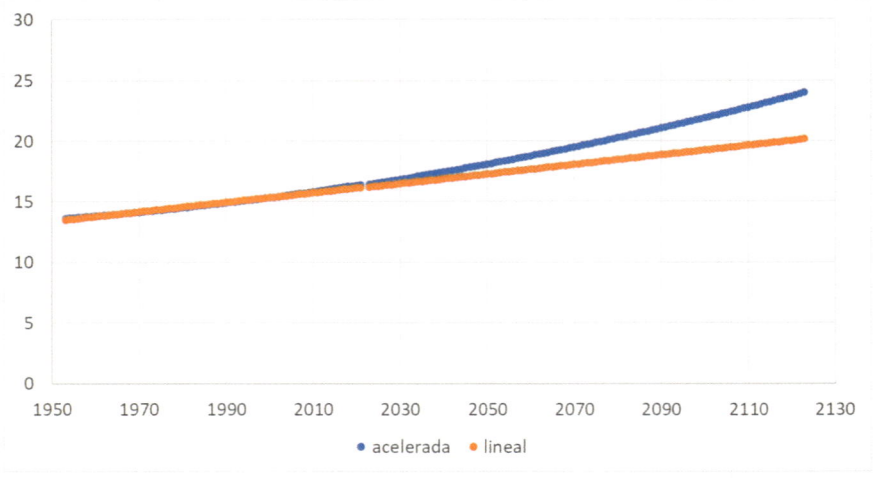

Figura 18bis. Evolución de la temperatura media anual según las regresiones lineal (color naranja) y de grados dos (azul) obtenida con las 36 estaciones que tienen datos para 60 años, la discontinuidad marca el año 2023.

Más nos vale que el incremento de la temperatura se deba a las emisiones por el hombre de CO_2 y que seamos capaces de limitar su crecimiento (ya sea por la reducción de combustibles fósiles o por la disminución de la población) porque, de no ser esta la causa principal del calentamiento, la temperatura se va a descontrolar.

Extrapolar a tan largo plazo no ofrece mucha confianza, pero mientras no se entre en las causas del incremento de temperatura y las previsiones sobre la evolución de estas, no se puede avanzar. Es probable que, aunque las causas sigan evolucionando como hasta ahora, su efecto se vaya atenuando, por ejemplo: el efecto invernadero del CO_2 (o cualquier otra molécula capaz de absorber radiación infrarroja) no es proporcional a su concentración en la atmósfera, una vez que hay moléculas suficientes para captar toda la radiación infrarroja que refleja la superficie de la Tierra, añadir más moléculas no tendría efecto.

En la figura 19 se muestran las regresiones lineales y de grado dos para las 25 estaciones con 70 años de datos.

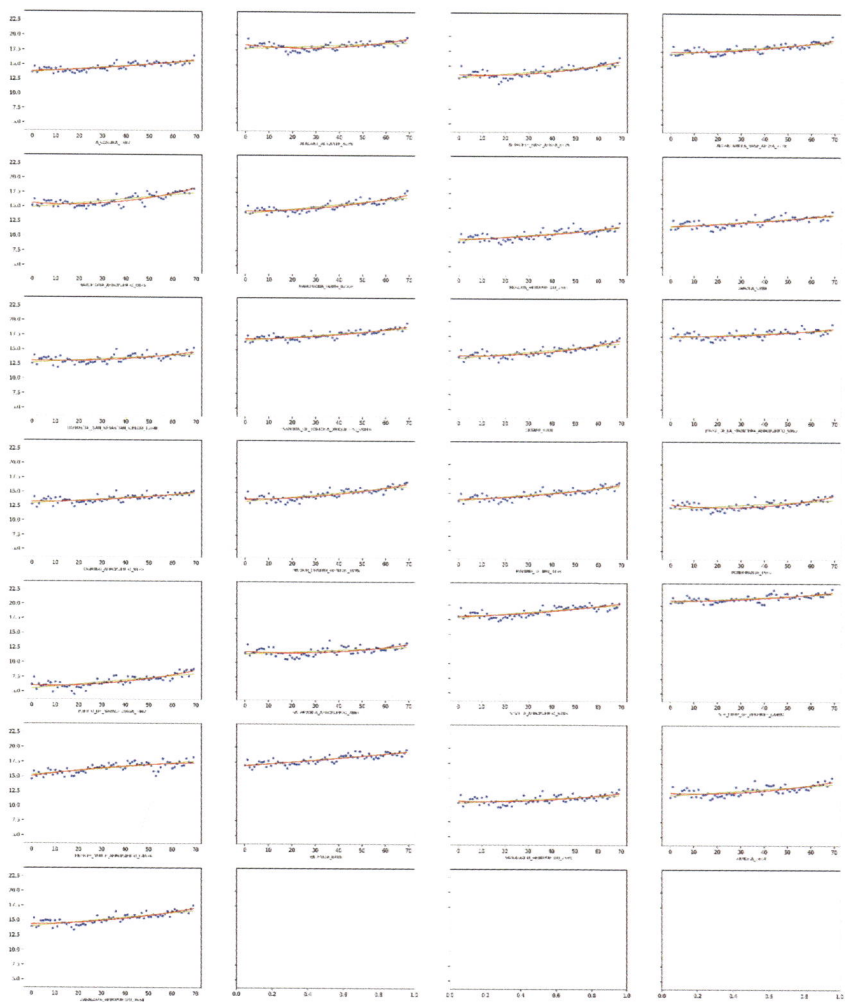

Figura 19. Regresiones lineales y de grado dos para las 25 estaciones con 70 años de datos.

Ahora con 25 estaciones podemos ver con mayor confianza la sistemática de variaciones de un año respecto del anterior. El resultado es que, en 40 ocasiones, de 68 (59 %), el signo de la variación ha cambiado, esto ya sabemos que es normal si la temperatura no tiene memoria. Con respecto a encadenar dos subidas o bajadas, encontramos 19 veces con dos subidas consecutivas y solo 9 veces con dos bajadas, en lugar de que fuesen iguales a 14. Que sean más las subidas consecutivas nos indica que existe un sesgo positivo en la evolución de la temperatura.

Más adelante veremos una posible causa (fenómeno del niño/niña), pero no creo que pueda tener efecto en el cálculo de la tendencia de la temperatura a medio y largo plazo.

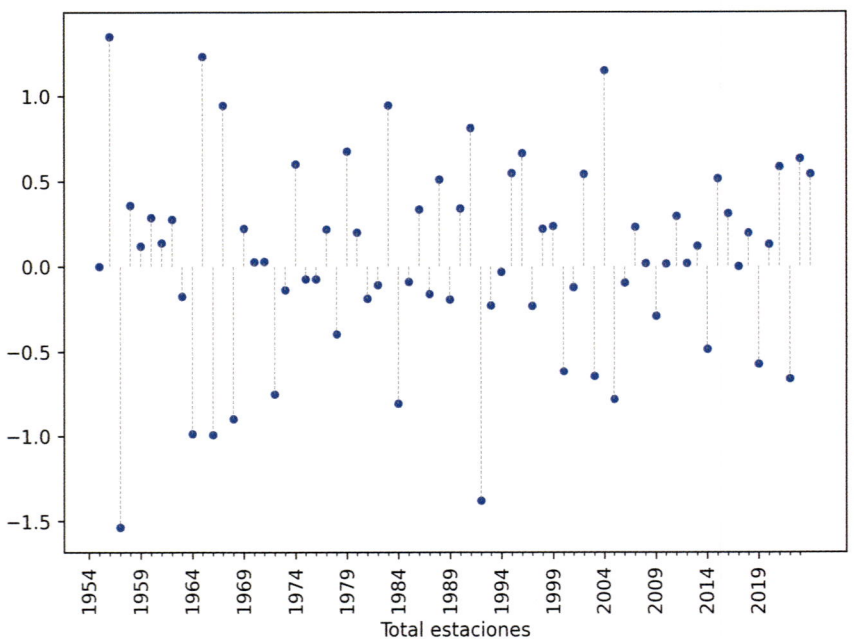

Figura 20. Variaciones de la temperatura de un año, respecto al anterior, en el conjunto de 25 estaciones con 70 años de datos.

El siguiente paso es analizar los meses del año, aquí el problema de la longitud del periodo de análisis se agrava porque supone dividir los datos a utilizar por 12. Además, es más probable que la ubicación geográfica de las estaciones tenga un papel más relevante en la estadística mensual que en el total del año, por lo que no podemos quedarnos con muy pocas estaciones y habrá que mantenerse en periodos de 70 años, como mucho, a pesar de que 25 estaciones (que son las que tienen datos en ese periodo) son pocas. Los resultados tendremos que considerarlos de forma cualitativa más que cuantitativa por mucho que siempre tratemos con números.

La tabla 14 resume los resultados mensuales para las estaciones con datos para 70, 60 y 50 años.

70 años, 25 estaciones		60 años, 36 estaciones		50 años, 49 estaciones	
mes	m	mes	m	mes	m
1	0,014	1	0,015	1	0,017
2	0,021	2	0,018	2	0,014
3	0,025	3	0,035	3	0,028
4	0,032	4	0,043	4	0,053
5	0,032	5	0,046	5	0,063
6	0,047	6	0,055	6	0,059
7	0,038	7	0,043	7	0,052
8	0,042	8	0,047	8	0,053
9	0,021	9	0,029	9	0,028
10	0,032	10	0,036	10	0,052
11	0,023	11	0,023	11	0,023
12	0,024	12	0,034	12	0,025
	0,032		0,384		0,043

Tabla 14. Detalle mensual del incremento de temperatura de las estaciones con datos para 70, 60 y 50 años. En rojo los meses en los que más se incrementa la temperatura, en azul los que menos y en verde los intermedios. Los valores están en ºC por año.

Los mayores incrementos se producen en junio y agosto, y los menores (la mitad de incremento) en enero y febrero. Como no estamos analizando las causas del incremento de temperatura, no podemos explicar estas diferencias y nos limitamos a constatarlas.

El último análisis lo haremos sobre las zonas climáticas, para ello hay que organizar grupos (clústeres) de estaciones similares. Lo primero es establecer que se entiende por similares. Según lo que se quiera hacer, el criterio de semejanza puede ser distinto, unas veces interesará igualdad en temperatura, otras en pluviosidad, pero en nuestro caso lo que buscaremos es que la temperatura evolucione de forma similar, entendiendo por esto que, cuando la temperatura suba, lo haga en todas las estaciones del mismo grupo, y lo mismo cuando baje, con independencia del valor absoluto de la temperatura. Este tipo de similitud se mide mediante el coeficiente de correlación de Pearson, que vale 1 cuando la covarianza entre las dos series de datos es perfecta (suben y bajan al unísono), -1 cuando siempre que una baja la otra sube y viceversa, y 0 si no hay covarianza en absoluto. Lo que buscamos es hacer grupos de forma que el coeficiente de correlación de Pearson entre todos los pares de estaciones de un mismo grupo sea lo más próximo a 1.

El número de grupos (clústeres) se define de antemano y mediante la herramienta adecuada se clasifican las estaciones en uno u otro de los grupos, hemos seguido una técnica jerárquica de clasificación en la que las estaciones se van aglomerando en pasos sucesivos. Inicialmente, hay tantos grupos como estaciones (cada estación es un grupo) y a cada paso se van uniendo los grupos con estaciones que evolucionan de forma similar. El resultado se puede visualizar como un árbol (llamado dendrograma) en el que se ve como las ramas van convergiendo hasta formar el tronco. Si estamos interesados en, por ejemplo, 6 grupos, el proceso se detiene cuando el número de ramas llega a 6.

Nuevamente nos encontramos con el problema de la duración del periodo a considerar, esta vez pesará más que haya un número suficiente de estaciones porque no tiene sentido clasificar pocas estaciones. Por esto, utilizaremos los periodos de 60 y 50 años, porque ya sabemos que hay 36 estaciones con datos para 60 años y 49 con datos para 50 años.

Interesa el mayor detalle posible en los datos, por lo que utilizaremos datos diarios. La figura 21 es el dendrograma de las 36 estaciones con 60 años de datos y la figura 22 el de las 49 estaciones con 50 años de datos. En las tablas 15 y 16 aparecen los detalles de ambas agrupaciones y en las 16 y 17 las estaciones en cada grupo (así como en las figuras 23 y 24). El número de grupo no significa nada, lo asigna la herramienta de cálculo en el proceso de aglomeración y grupos con las mismas estaciones, en clasificaciones distintas, pueden tener números distintos, por eso hay que ver en cada caso cuales son las estaciones concretas en cada grupo (tablas 17 y 18).

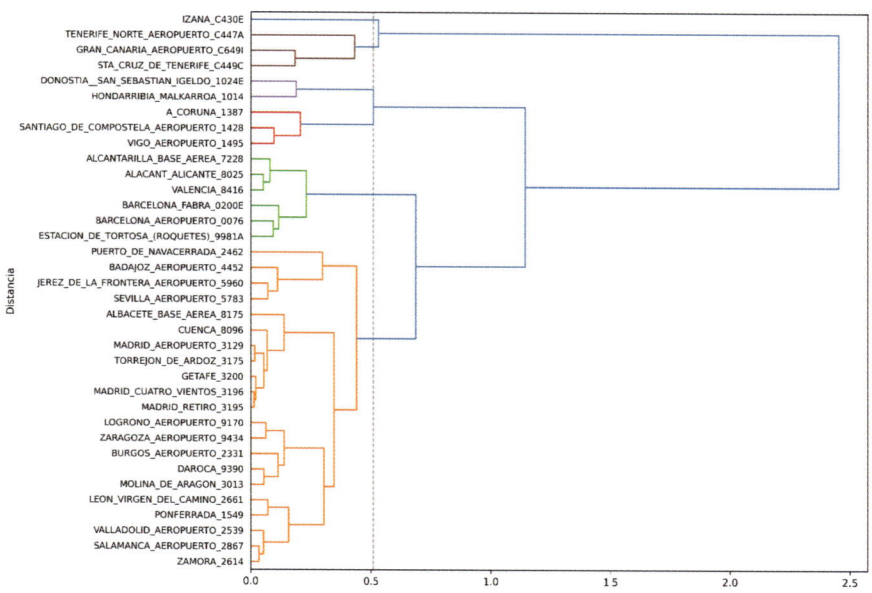

Figura 21. Dendrograma de las 36 estaciones con 60 años de datos. Las estaciones clasificadas en cada uno de los 6 grupos se identifican por el color de la rama correspondiente.

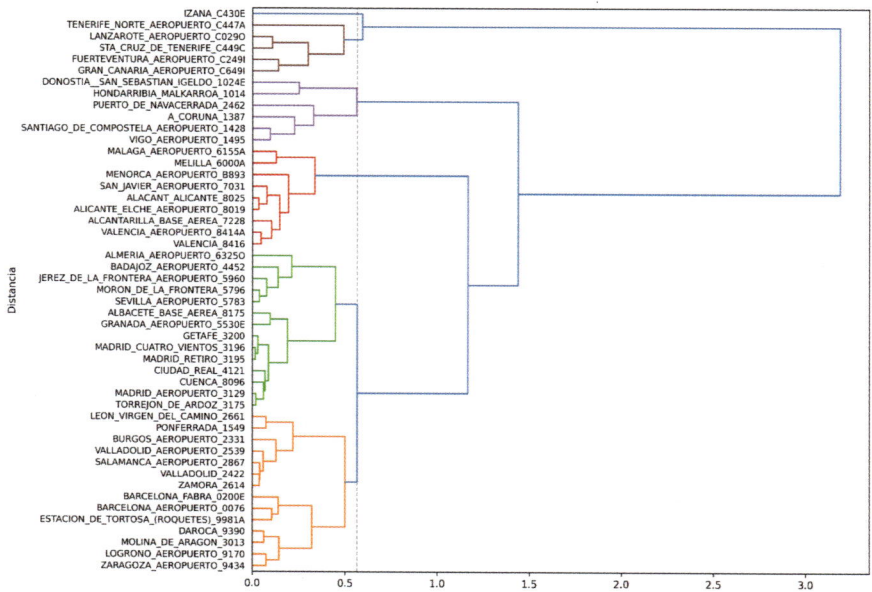

Figura 22. Dendrograma de las 48 estaciones con 50 años de datos de temperatura. Las estaciones clasificadas en cada uno de los 6 grupos se identifican por el color de la rama correspondiente.

Grupo	estaciones	RL	TS	media 5 años
1	21	0,0417	0,0414	0,0530
2	6	0,0408	0,0408	0,0686
6	2	0,0362	0,0366	0,0327
4	3	0,0353	0,0357	0,0324
3	3	0,0302	0,0303	0,0250
5	1	0,0267	0,0275	0,0382
	36	0,0391	0,0391	0,0500

Tabla 15. Clasificación de las estaciones, con datos de temperatura para 60 años, en los correspondientes grupos. Los valores están en °C por año.

Grupo	estaciones	RL	TS	media 5 años
6	14	0,0499	0,0488	0,0386
3	14	0,0474	0,0476	0,0426
4	9	0,0403	0,0404	0,0273
1	6	0,0395	0,0403	0,0223
2	5	0,0350	0,0364	0,0133
5	1	0,0327	0,0341	0,0135
	49	0,0440	0,0440	0,0318

Tabla 16. Clasificación de las estaciones, con datos de temperatura para 50 años, en los correspondientes grupos. Los valores están en °C por año.

G	estación	RL	Yo	V	A	media 5 años
1	ALBACETE_BASE_AEREA_8175	0,049	12,91	0,0281	0,000691	0,068
1	BADAJOZ_AEROPUERTO_4452	0,040	15,79	0,0357	0,000158	0,045
1	BURGOS_AEROPUERTO_2331	0,042	9,33	0,0399	0,000059	0,043
1	CUENCA_8096	0,057	11,79	0,0161	0,001361	0,094
1	DAROCA_9390	0,039	11,67	0,0429	-0,000130	0,035
1	GETAFE_3200	0,049	14,00	0,0073	0,001395	0,087

1	JEREZ_DE_LA_FRONTERA_AE-ROPUERTO_5960	0,030	17,10	0,0329	-0,000106	0,027
1	LEON_VIRGEN_DEL_CAMINO_2661	0,027	10,45	0,0081	0,000633	0,045
1	LOGRONO_AEROPUER-TO_9170	0,033	13,08	0,0153	0,000585	0,049
1	MADRID_AEROPUERTO_3129	0,043	13,39	0,0215	0,000718	0,063
1	MADRID_CUATRO_VIENTOS_3196	0,052	13,34	0,0428	0,000319	0,061
1	MADRID_RETIRO_3195	0,046	13,76	0,0307	0,000512	0,060
1	MOLINA_DE_ARAGON_3013	0,038	9,53	0,0227	0,000514	0,052
1	PONFERRADA_1549	0,038	12,29	0,0009	0,001233	0,072
1	PUERTO_DE_NAVACERRA-DA_2462	0,051	5,48	0,0344	0,000555	0,066
1	SALAMANCA_AEROPUER-TO_2867	0,031	11,20	0,0217	0,000325	0,040
1	SEVILLA_AEROPUERTO_5783	0,046	17,46	0,0602	-0,000476	0,033
1	TORREJON_DE_ARDOZ_3175	0,036	13,21	0,0504	-0,000493	0,022
1	VALLADOLID_AEROPUER-TO_2539	0,031	10,60	0,0169	0,000475	0,044
1	ZAMORA_2614	0,043	11,97	0,0260	0,000558	0,058
1	ZARAGOZA_AEROPUER-TO_9434	0,051	13,98	0,0402	0,000368	0,061
2	ALACANT_ALICANTE_8025	0,029	17,76	-0,0080	0,001231	0,063
2	ALCANTARILLA_BASE_AEREA_7228	0,037	17,45	0,0032	0,001135	0,068
2	BARCELONA_AEROPUER-TO_0076	0,051	15,16	-0,0027	0,001801	0,101
2	BARCELONA_FABRA_0200E	0,052	14,09	0,0227	0,000984	0,079
2	ESTACION_DE_TORTOSA_(ROQUETES)_9981A	0,039	16,89	0,0080	0,001022	0,067
2	VALENCIA_8416	0,040	17,00	0,0404	-0,000027	0,039
3	GRAN_CANARIA_AERO-PUERTO_C649I	0,031	19,98	0,0394	-0,000288	0,023
3	STA_CRUZ_DE_TENERI-FE_C449C	0,027	20,79	0,0123	0,000503	0,041
3	TENERIFE_NORTE_AERO-PUERTO_C447A	0,033	15,32	0,0616	-0,000954	0,007

G	Estación	RL	Yo	V	A	media 5 años
4	A_CORUNA_1387	0,035	13,58	0,0402	-0,000167	0,031
4	SANTIAGO_DE_COMPOSTE-LA_AEROPUERTO_1428	0,034	11,76	0,0386	-0,000159	0,029
4	VIGO_AEROPUERTO_1495	0,037	12,83	0,0363	0,000012	0,037
5	IZANA_C430E	0,027	9,50	0,0143	0,000416	0,038
6	DONOSTIA__SAN_SEBAS-TIAN_IGELDO_1024E	0,031	12,68	0,0177	0,000443	0,043
6	HONDARRIBIA_MALKARROA_1014	0,041	13,22	0,0608	-0,000656	0,023

Tabla 17. Estaciones con 60 años de datos de temperatura, incluidas en cada grupo.

G	Estación	RL	Yo	V	A	media 5 años
1	A_CORUNA_1387	0,037	13,74	0,0599	-0,000924	0,016
1	DONOSTIA__SAN_SEBASTIAN_IGELDO_1024E	0,038	12,51	0,0529	-0,000615	0,024
1	HONDARRIBIA_MALKARROA_1014	0,040	13,68	0,0629	-0,000931	0,019
1	PUERTO_DE_NAVACERRA-DA_2462	0,055	5,74	0,0508	0,000172	0,059
1	SANTIAGO_DE_COMPOSTE-LA_AEROPUERTO_1428	0,037	11,79	0,0679	-0,001248	0,009
1	VIGO_AEROPUERTO_1495	0,039	13,01	0,0535	-0,000593	0,025
2	FUERTEVENTURA_AEROPUER-TO_C249I	0,043	19,62	0,0850	-0,001679	0,005
2	GRAN_CANARIA_AEROPUER-TO_C649I	0,032	20,02	0,0681	-0,001424	0,000
2	LANZAROTE_AEROPUER-TO_C029O	0,041	19,91	0,0677	-0,001074	0,017
2	STA_CRUZ_DE_TENERIFE_C449C	0,031	20,80	0,0305	0,000021	0,031
2	TENERIFE_NORTE_AEROPUER-TO_C447A	0,026	16,02	0,0424	-0,000646	0,012

3	BARCELONA_AEROPUERTO_0076	0,066	14,78	0,0526	0,000522	0,077
3	BARCELONA_FABRA_0200E	0,061	14,03	0,0622	-0,000039	0,060
3	BURGOS_AEROPUERTO_2331	0,047	9,28	0,0807	-0,001356	0,016
3	DAROCA_9390	0,044	11,58	0,0865	-0,001704	0,006
3	ESTACION_DE_TORTOSA_(ROQUETES)_9981A	0,046	16,81	0,0358	0,000424	0,056
3	LEON_VIRGEN_DEL_CAMINO_2661	0,031	10,55	0,0140	0,000666	0,046
3	LOGRONO_AEROPUERTO_9170	0,039	12,97	0,0451	-0,000234	0,034
3	MOLINA_DE_ARAGON_3013	0,043	9,57	0,0466	-0,000141	0,040
3	PONFERRADA_1549	0,047	12,06	0,0393	0,000329	0,055
3	SALAMANCA_AEROPUERTO_2867	0,039	10,86	0,0763	-0,001480	0,006
3	VALLADOLID_AEROPUERTO_2539	0,036	10,56	0,0426	-0,000262	0,030
3	VALLADOLID_2422	0,047	11,61	0,0498	-0,000099	0,045
3	ZAMORA_2614	0,048	12,05	0,0491	-0,000038	0,047
3	ZARAGOZA_AEROPUERTO_9434	0,056	14,19	0,0613	-0,000228	0,050
4	ALACANT_ALICANTE_8025	0,041	17,16	0,0570	-0,000637	0,027
4	ALCANTARILLA_BASE_AEREA_7228	0,045	17,33	0,0329	0,000483	0,056
4	ALICANTE_ELCHE_AEROPUERTO_8019	0,030	17,50	0,0354	-0,000197	0,026
4	MALAGA_AEROPUERTO_6155A	0,052	17,41	0,0440	0,000323	0,059
4	MELILLA_6000A	0,035	18,10	0,0410	-0,000259	0,029
4	MENORCA_AEROPUERTO_B893	0,036	15,90	0,0872	-0,002059	-0,011
4	SAN_JAVIER_AEROPUERTO_7031	0,044	16,37	0,0679	-0,000947	0,023
4	VALENCIA_AEROPUERTO_8414A	0,037	16,49	0,0649	-0,001122	0,012
4	VALENCIA_8416	0,043	17,11	0,0662	-0,000939	0,022
5	IZANA_C430E	0,033	9,28	0,0540	-0,000851	0,014

6	ALBACETE_BASE_AEREA_8175	0,056	12,82	0,0725	-0,000642	0,042
6	ALMERIA_AEROPUER-TO_6325O	0,034	18,12	0,0491	-0,000618	0,020
6	BADAJOZ_AEROPUERTO_4452	0,043	16,00	0,0509	-0,000313	0,036
6	CIUDAD_REAL_4121	0,067	13,29	0,1360	-0,002763	0,005
6	CUENCA_8096	0,066	11,82	0,0470	0,000757	0,083
6	GETAFE_3200	0,058	13,96	0,0366	0,000869	0,078
6	GRANADA_AEROPUER-TO_5530E	0,051	14,49	0,0319	0,000779	0,069
6	JEREZ_DE_LA_FRONTERA_AE-ROPUERTO_5960	0,031	17,25	0,0479	-0,000686	0,015
6	MADRID_AEROPUERTO_3129	0,048	13,58	0,0332	0,000584	0,061
6	MADRID_CUATRO_VIENTOS_3196	0,057	13,55	0,0660	-0,000363	0,049
6	MADRID_RETIRO_3195	0,051	13,89	0,0525	-0,000053	0,050
6	MORON_DE_LA_FRONTE-RA_5796	0,058	16,59	0,0574	0,000012	0,058
6	SEVILLA_AEROPUERTO_5783	0,049	17,52	0,1027	-0,002150	0,001
6	TORREJON_DE_ARDOZ_3175	0,038	13,23	0,0861	-0,001909	-0,005

Tabla 18. Estaciones con 50 años de datos de temperatura, incluidas en cada grupo.

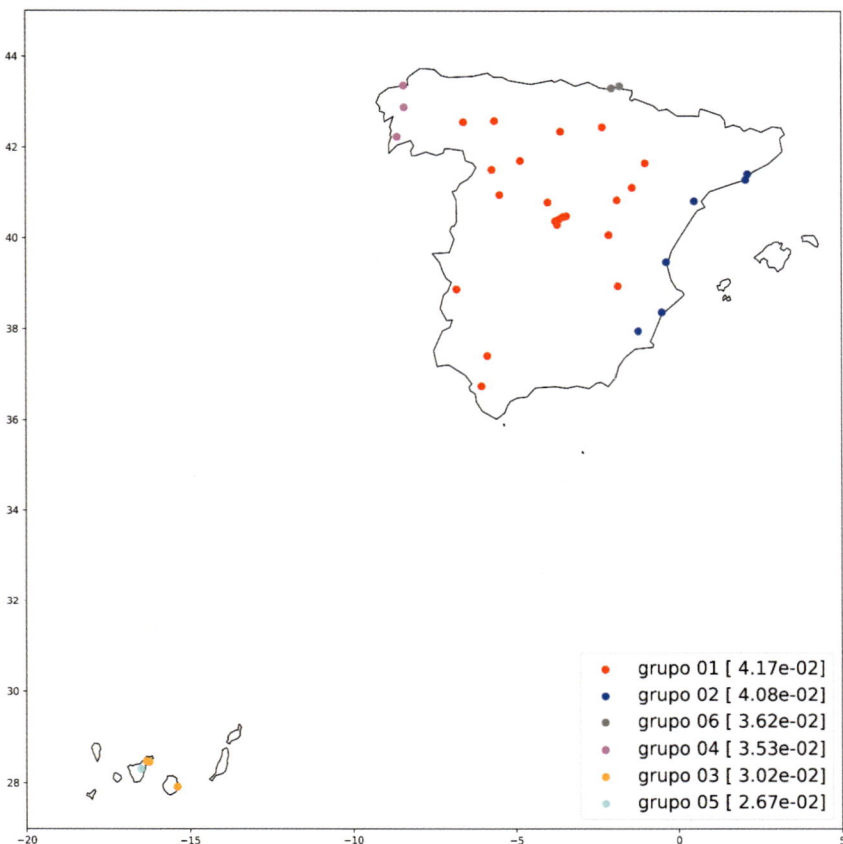

Figura 23. Estaciones con datos de temperatura para 60 años, incluidas en cada grupo. Entre corchetes la variación anual de temperatura en °C

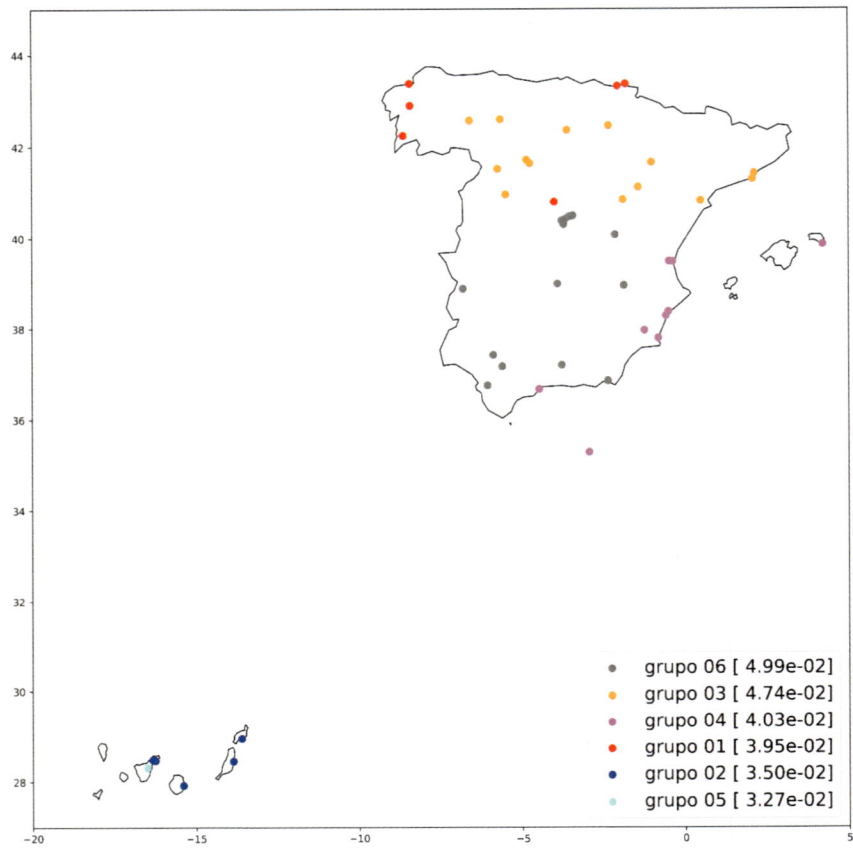

Figura 24. Estaciones con datos de temperatura para 50 años, incluidas en cada grupo. Entre corchetes la variación anual de temperatura en ºC.

Las estaciones en las que más crece la temperatura son las del interior peninsular (grupo 1 de la clasificación de 60 años, y 6-3 de la clasificación de 50 años) y las que menos Canarias (grupo 3 de la clasificación de 60 años y 2 de la clasificación de 50 años). En ambas clasificaciones la estación de Izaña, grupo 5, (situada en el observatorio del Teide a 2390 metros de altura) es la que menos sufre el incremento de temperatura.

En general, podemos concluir que en las zonas costeras de la península se ha incrementado menos la temperatura, y entre las zonas costeras, las estaciones del norte de la península las que menos.

Finalmente nos referiremos a los resultados utilizando temperaturas máximas diarias y mínimas diarias, en lugar de temperaturas medias diarias, que son las que hemos usado hasta ahora (tablas 19, 20 y 21).

Años	Estaciones	T2	RL	TS	Yo	V	A	media 5 años
40	62	0,033	0,049	0,049	20,4	0,0162	0,00082	0,077
50	49	0,038	0,049	0,049	19,6	0,0499	-0,00001	0,049
60	36	0,043	0,046	0,045	18,8	0,0239	0,00036	0,065
70	25	0,038	0,038	0,037	19,3	-0,0046	0,00061	0,077
80	13	0,028	0,028	0,027	19,4	-0,0187	0,00058	0,071
90	3	0,021	0,021	0,021	19,5	-0,0152	0,00041	0,056

Tabla 19. Temperaturas máximas diarias. Resultados de la regresión lineal y de grado dos para distintos periodos de cálculo y, por tanto, distinto número de estaciones. Los valores de T2, RL y TS están en ºC por año. Yo está en ºC, V en ºC/año y A en ºC/año².

Años	Estaciones	T2	RL	TS	Yo	V	A	media 5 años
40	62	0,023	0,037	0,037	10,1	0,0386	-0,00005	0,035
50	49	0,030	0,039	0,040	9,2	0,0646	-0,00051	0,016
60	36	0,032	0,033	0,033	8,5	0,0305	0,00004	0,036
70	25	0,027	0,027	0,026	9,1	0,0029	0,00034	0,049
80	13	0,024	0,024	0,023	9,8	0,0008	0,00028	0,045
90	3	0,019	0,019	0,019	12,9	-0,0161	0,00039	0,053

Tabla 20. Temperaturas mínimas diarias. Resultados de la regresión lineal y de grado dos para distintos periodos de cálculo y, por tanto, distinto número de estaciones. Los valores de T2, RL y TS están en ºC por año. Yo está en ºC, V en ºC/año y A en ºC/año².

T ºC	media	T2	RL	TS	Yo	V	A	media 5 años
máxima	20,1	0,038	0,038	0,037	19,3	-0,0046	0,00061	0,077
media	14,9	0,032	0,032	0,032	14,2	-0,0009	0,00095	0,063
mínima	9,8	0,027	0,027	0,026	9,1	0,0029	0,00034	0,049
Porcentaje sobre la temperatura media								
máxima		0,19 %	0,19 %	0,19 %	95,87 %	-0,02 %	0,00 %	0,38 %
media		0,22 %	0,22 %	0,21 %	95,02 %	-0,01 %	0,01 %	0,42 %
mínima		0,28 %	0,27 %	0,27 %	93,27 %	0,03 %	0,00 %	0,50 %

Tabla 21. Resultados de la regresión lineal y de grado dos para el periodo de cálculo de 70 años (25 estaciones) con temperaturas mínimas, máxima y medias diarias. Los valores de T2, RL y TS están en ºC por año. Yo está en ºC, V en ºC/año y A en ºC/año².

La tabla 21 nos muestra que para las 25 estaciones que tienen datos para un periodo de 70 años, las temperaturas máximas han crecido más que las medias y estas que las mínimas y esto mismo puede decirse de la media de los últimos 5 años. No obstante, si se expresan estas variaciones como un porcentaje de la temperatura media, son las temperaturas mínimas las que más han crecido de forma significativa, sin que pueda apuntar una causa.

6.4 Análisis de las precipitaciones

En los datos obtenidos de la AEMET, además de las temperaturas mínima y máxima de cada día están las precipitaciones diarias en mm/m² (litros/ m²).

Los mismos análisis que hemos realizado para las temperaturas se pueden aplicar a las precipitaciones.

La primera diferencia importante a nivel estadístico es que mientras la desviación estándar de las temperaturas (dispersión) es del orden del 5 %, en las precipitaciones es del 20 %, lo que supone que habrá mayor incertidumbre en los resultados. Además, los datos extremos, en las precipitaciones, son más frecuentes y de mayor desviación, incluso en datos mensuales, por ejemplo: en las figuras 25 y 26 se muestran los datos de precipitaciones diarias y media diaria de las precipitaciones mensuales, de la estación Barcelona Fabra. Una medida importante de la dispersión de los datos de precipitaciones es que el estimador Theil Sen y otros estimadores robustos como el Huber o el Ransac, toman valor 0 en todas las estaciones y periodos de tiempo calculados, es decir, no aprecian ninguna tendencia, por tanto, habrá que dar más valor al resultado cualitativo que al cuantitativo.

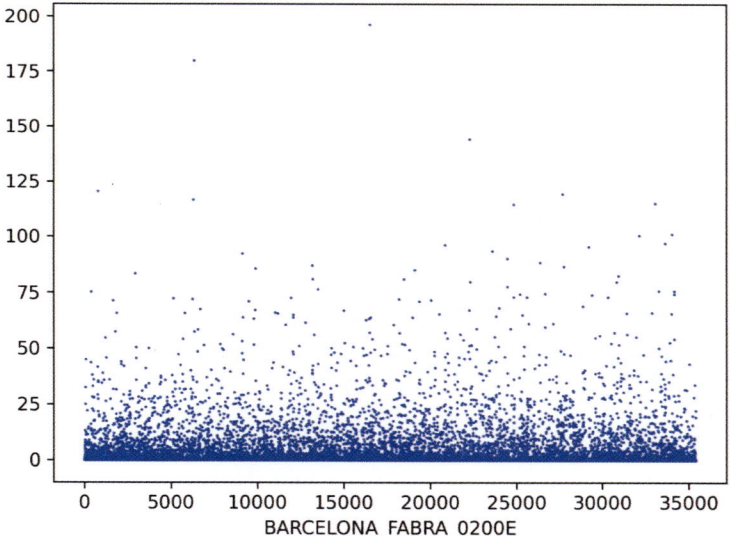

Figura 25. Datos diarios de precipitaciones (mm/m²) registradas en la estación de Barcelona Fabra.

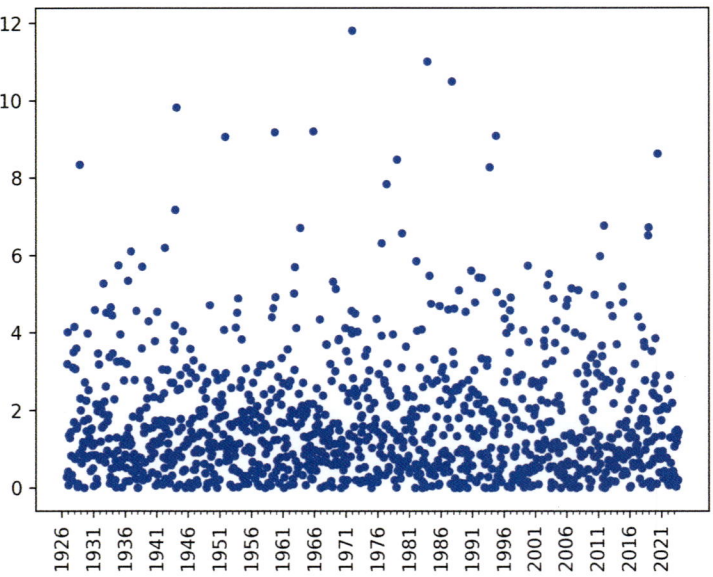

Figura 25. Media diaria de las precipitaciones mensuales (mm/m²) registradas en la estación de Barcelona Fabra.

La dispersión de las precipitaciones no solo se da en los valores anuales de una estación, también ocurre entre estaciones, en la figura 26 se muestra, para una serie de instalaciones, la frecuencia con las que se producen las desviaciones anuales respecto de la media (las llamadas anomalías), y en la figura 27 la frecuencia de las desviaciones de un año respecto del anterior. Las frecuencias corresponden al periodo 1973-2023 (50 años).

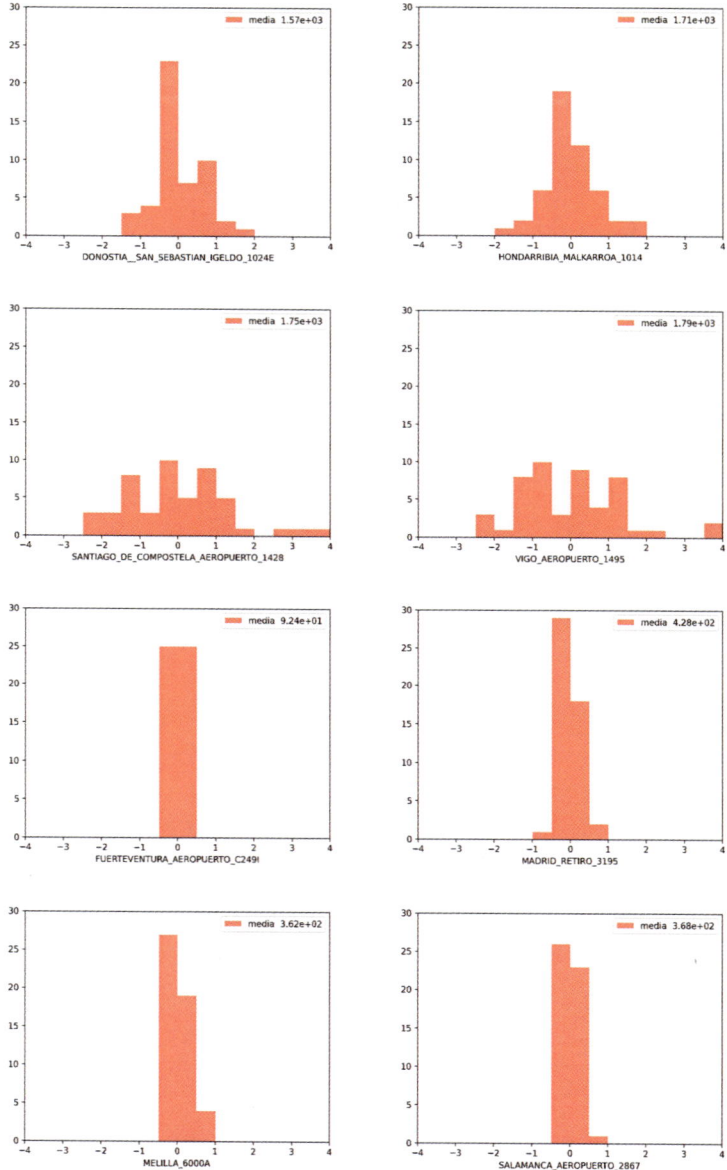

Figura 26. Frecuencia de las desviaciones anuales respecto a la media (anomalías) en el periodo 1973-2023.

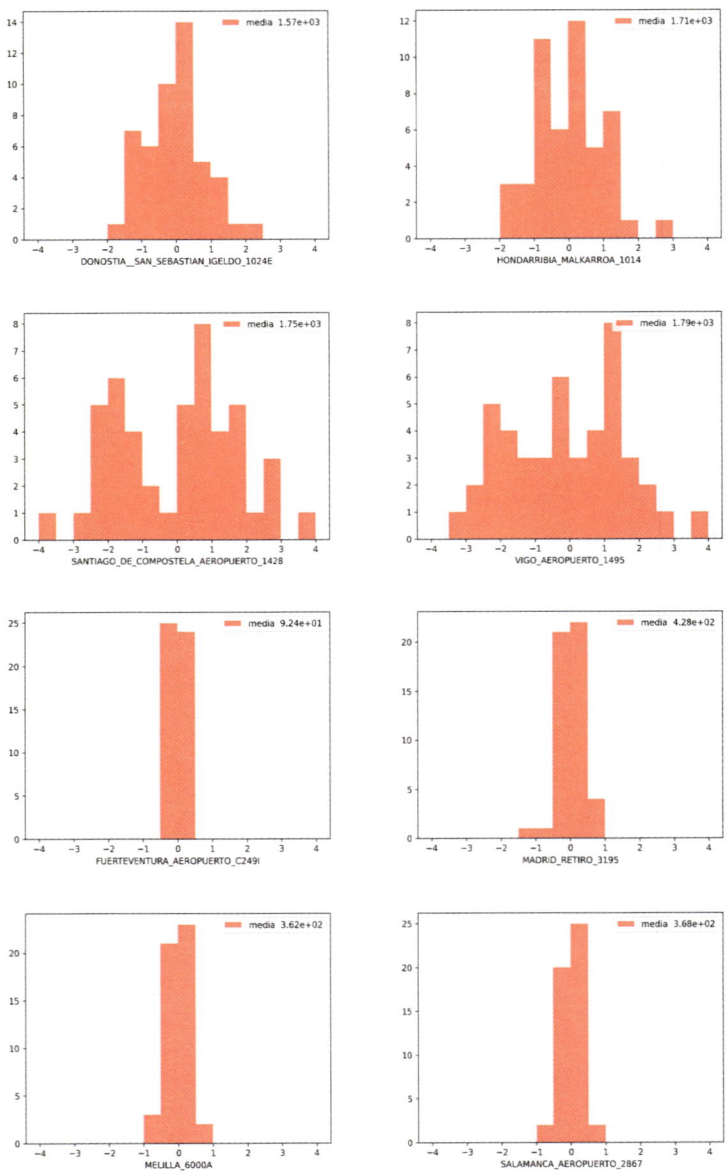

Figura 27. Frecuencia de las desviaciones respecto del año anterior en el periodo 1973-2023.

El régimen de precipitaciones en el norte peninsular es muy distinto al del resto de España.

Tal como hicimos antes con las temperaturas, ahora lo hacemos con las precipitaciones, pero en lugar de valores de temperatura en °C, trabajaremos con valores de precipitaciones diarias en mm/m² y calcularemos como varia (tendencia) la precipitación anual.

Efectuaremos una regresión lineal y una regresión de grado dos con los datos diarios para diferentes periodos de cálculo. Los resultados se recogen en la tabla 22, y la figura 29 muestra la influencia del periodo de cálculo en el valor de la variación (descenso), de las precipitaciones anuales.

años	estaciones	P anual mm/m2	T2	RL	Yo	V	A	media 5 años
40	57	512,0	-0,77630	-1,08650	531,4	-0,7429	-0,01718	-1,3872
50	45	548,1	-1,14650	-1,27560	587,9	-2,2251	0,03798	-0,4211
60	33	633,0	-1,25410	-1,69300	692,8	-2,5955	0,03009	-0,8656
70	24	556,7	-1,28390	-1,16250	607,9	-2,0623	0,02571	-0,3269
80	10	621,1	-0,82810	-0,62010	635,6	0,1540	-0,01935	-1,3458
90	3	802,0	-0,19700	-0,05840	784,3	1,2987	-0,03016	-1,3402

Tabla 22. Cálculos con precipitaciones diarias. Resultados de la regresión lineal y de grado dos para distintos periodos de cálculo. Los valores de T2 y RL son variaciones anuales de precipitación en (mm/m²). Yo está en (mm/m²), V en (mm/m²) /año y A en (mm/m²) /año².

El periodo de cálculo tiene influencia, menos que en el caso de las temperaturas (figura 29 vs figura 16), pero los resultados siempre apuntan a un descenso de las precipitaciones. En el caso de la regresión lineal aplicada a las 24 estaciones con datos para 70 años, conduciría pasado un siglo a una reducción anual de las precipitaciones de 116 mm/m², que es una reducción del 21 %.

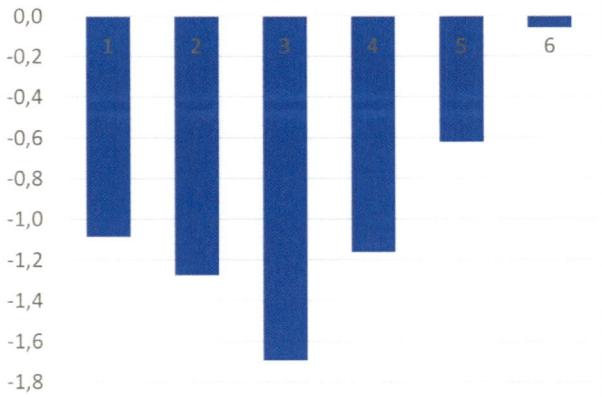

Figura 29. Descenso anual de las precipitaciones (mm/m²) resultado de la regresión anual sobre distintos periodos de tiempo, de izquierda a derecha: 40, 50, 60, 70, 80 y 90 años.

No se aprecia una aceleración significativa del descenso, pero si se tiene en cuenta el valor obtenido en el periodo de 70 años, pasado un siglo tendríamos un incremento de las precipitaciones, debido a que tiene forma convexa (figura 30), una muestra más de la incertidumbre de los resultados que debe conducirnos a decir que simplemente no se aprecia aceleración en el descenso de las precipitaciones.

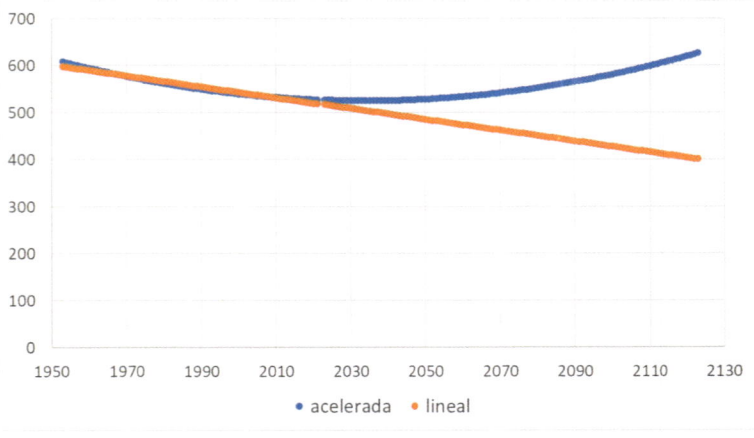

Figura 30. Evolución de las precipitaciones anuales, según las regresiones lineal (color naranja) y de grados dos (azul), la discontinuidad marca el año 2023.

Con respecto a la variación de la precipitación media diaria en cada mes, en la tabla 23 se ven la correspondiente a las 24 estaciones con datos en un periodo de 70 años.

mes	media	RL	media 5 años
1	1,8	-0,0035	0,0001
2	1,7	-0,0093	-0,0039
3	1,6	-0,0030	0,0445
4	1,7	0,0022	-0,0186
5	1,5	-0,0052	-0,0374
6	1,1	-0,0048	0,0120
7	0,5	0,0011	-0,0132
8	0,7	-0,0041	-0,0116
9	1,4	-0,0039	0,0135
10	2,1	-0,0028	-0,0037
11	2,3	0,0049	0,0185
12	2,0	-0,0103	-0,0129
	1,5	-0,0032	-0,0001

Tabla 23. Detalle mensual de la evolución de las precipitaciones en las 24 estaciones con datos en un periodo de 70 años. La media de los valores medios diarios está en (mm/m^2) y los valores RL y la «media 5 años» (variación anual de la precipitación media diaria), están en (mm/m^2).

En los meses de noviembre, abril y julio, no hay descenso de las precipitaciones, al contrario, se incrementan, mientas que diciembre y febrero se producen los mayores descensos.

Para ver los resultados por zonas (tabla 24) usamos las 45 estaciones (tabla 25) con datos en un periodo de 50 años, para tener un mayor número de estaciones, ya que con 70 años solo hay 24. Los resultados en forma gráfica están en la figura 31.

Grupo	estaciones	RL	media 5 años
6	3	-10,303	-7,487
3	6	-2,156	-2,493
4	7	-1,232	-2,432
1	12	-1,161	0,209
5	5	-0,565	12,467
2	12	-0,158	1,080
	45	-2,618	0,637

Tabla 24. Clasificación de las estaciones, con datos para 50 años, en los correspondientes grupos (usando datos diarios). Los valores son la variación de la precipitación anual en mm/m².

En el grupo 2 (este peninsular), prácticamente, no se ve descenso de las precipitaciones medias diarias:

-0,158 mm/m² anuales.

Mientras que en el grupo 6 (oeste norte) se produce el mayor descenso de las precipitaciones, mucho mayor que en cualquier otra zona.

-10,303 mm/m² anuales.

En la tabla 25 se pueden ver las tres estaciones encuadradas en este grupo 6. Los resultados para estas estaciones son sorprendentes, las estaciones se encuentran muy cerca unas de otras y, mientras que, para la Coruña la tendencia de las precipitaciones es que se reduzcan en 0,7 mm/m² al año, para las otras dos: Santiago de Compostela y Vigo la tendencia es una reducción muchísimo mayor, más que cualquier otra estación (20 veces más), este es un ejemplo más de diferencias entre estaciones que se mostró en las figuras 26 y 27. Los datos anuales de estas tres estaciones se muestran en la figura 31. El rango de variación para la Coruña es la mitad que en las otras dos y no se aprecia visualmente una tendencia que sí se ve en las otras.

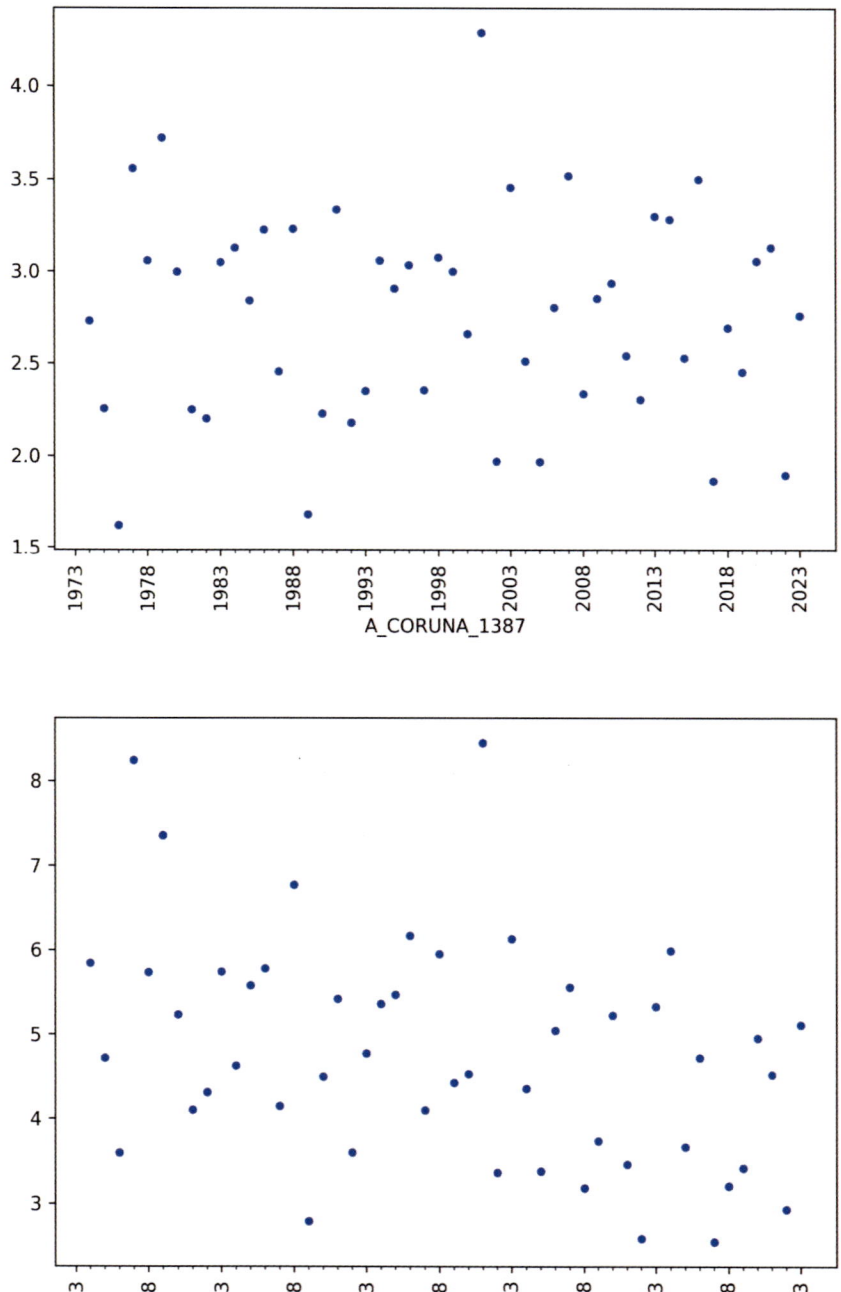

A_CORUNA_1387

SANTIAGO_DE_COMPOSTELA_AEROPUERTO_1428

91

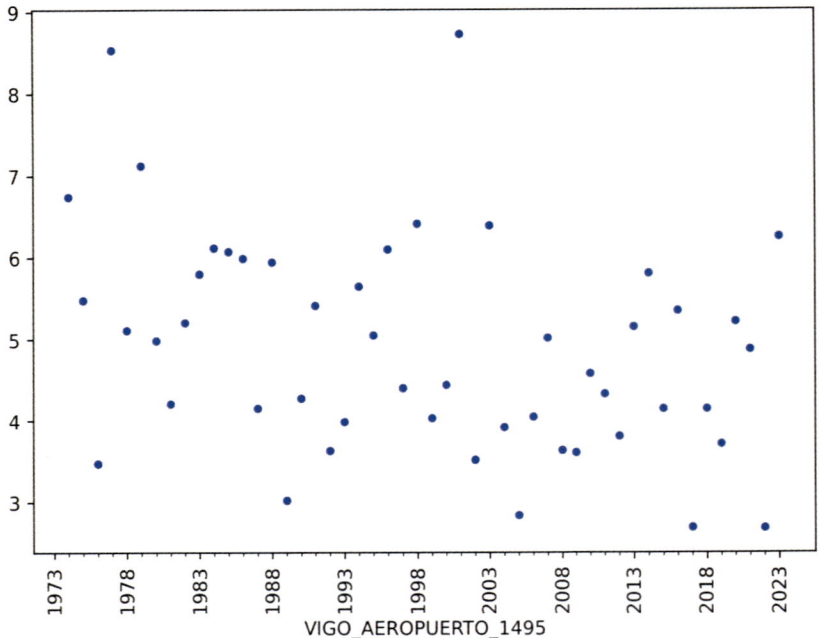

Figura 31. Datos anuales de precipitaciones en las tres estaciones del grupo 6 (tabla 25).

Sobre la alternancia de las variaciones de un año para otro, se obtiene un resultado parecido a la temperatura, para las 45 estaciones, con datos para 50 años, se encuentra que 31 veces, de 48 (el 65 %), la variación cambia de signo de un año al siguiente, pero esta vez se encadenan menos veces dos subidas, solo 5 (10 %), frente a las 12 (25 %) bajadas consecutivas, como corresponde a una tendencia decreciente de las precipitaciones.

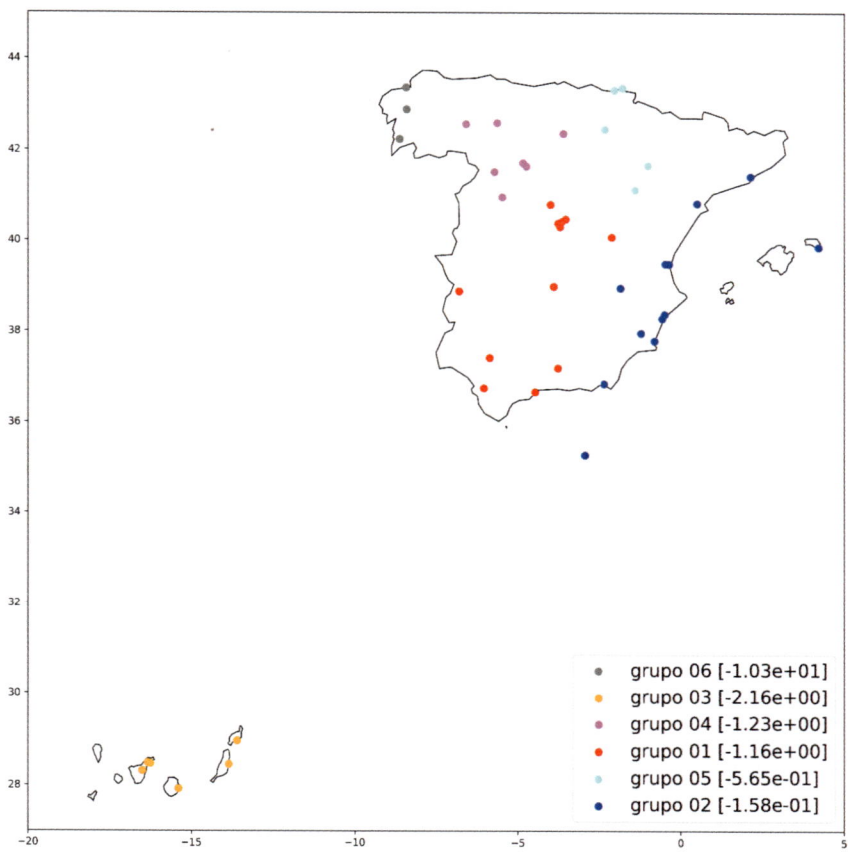

Figura 32. Estaciones, con datos de precipitaciones para 50 años, incluidas en los grupo de la tabla 24. Entre corchetes la variación anual en mm/m²

G	Estación	RL	Yo	V	A	media 5 años
1	BADAJOZ_AEROPUERTO_4452	-1,859	464,28	0,9962	-0,1142	-4,428
1	CIUDAD_REAL_4121	-0,088	379,33	2,4056	-0,0998	-2,333
1	CUENCA_8096	-0,797	521,72	-1,1560	0,0143	-0,475
1	GETAFE_3200	-1,103	434,43	-5,4117	0,1724	2,775
1	GRANADA_AEROPUERTO_5530E	-0,136	328,43	4,0391	-0,1670	-3,893
1	JEREZ_DE_LA_FRONTERA_AERO-PUERTO_5960	-2,305	550,10	4,5780	-0,2753	-8,500

1	MADRID_AEROPUERTO_3129	0,185	401,83	-3,2443	0,1372	3,271
1	MADRID_CUATRO_VIENTOS_3196	-1,768	473,72	-2,2684	0,0200	-1,318
1	MADRID_RETIRO_3195	0,052	460,62	-4,0147	0,1627	3,713
1	MALAGA_AEROPUERTO_6155A	-1,348	427,64	10,9767	-0,4930	-12,442
1	PUERTO_DE_NAVACERRADA_2462	-1,138	1470,04	-18,6987	0,7025	14,667
1	SEVILLA_AEROPUERTO_5783	-2,671	496,97	6,6833	-0,3742	-11,091
2	ALACANT_ALICANTE_8025	-1,218	384,44	-6,1540	0,1974	3,224
2	ALBACETE_BASE_AEREA_8175	-0,420	409,49	-4,8450	0,1770	3,564
2	ALCANTARILLA_BASE_AEREA_7228	0,440	343,91	-6,1434	0,2633	6,365
2	ALICANTE_ELCHE_AEROPUER-TO_8019	1,163	346,51	-9,0231	0,4075	10,332
2	ALMERIA_AEROPUERTO_6325O	0,763	166,88	1,9240	-0,0464	-0,282
2	BARCELONA_FABRA_0200E	-2,290	610,74	4,3275	-0,2647	-8,247
2	ESTACION_DE_TORTOSA_(ROQUE-TES)_9981A	0,549	507,49	-0,6518	0,0480	1,629
2	MELILLA_6000A	-1,301	330,23	6,4065	-0,3083	-8,238
2	MENORCA_AEROPUERTO_B893	0,038	588,12	-3,6929	0,1492	3,396
2	SAN_JAVIER_AEROPUERTO_7031	-0,521	403,29	-7,7928	0,2909	6,024
2	VALENCIA_AEROPUERTO_8414A	0,524	428,95	0,7452	-0,0088	0,325
2	VALENCIA_8416	1,436	436,87	0,3945	0,0417	2,373
3	FUERTEVENTURA_AEROPUER-TO_C249I	-1,064	105,73	0,5238	-0,0635	-2,492
3	GRAN_CANARIA_AEROPUER-TO_C649I	0,026	77,82	6,1119	-0,2434	-5,451
3	IZANA_C430E	-5,295	534,49	-7,1381	0,0737	-3,636
3	LANZAROTE_AEROPUERTO_C029O	-0,409	98,77	1,8100	-0,0888	-2,406
3	STA_CRUZ_DE_TENERIFE_C449C	0,165	194,36	2,9577	-0,1117	-2,349
3	TENERIFE_NORTE_AEROPUER-TO_C447A	-1,915	596,13	-2,8822	0,0387	-1,045
4	BURGOS_AEROPUERTO_2331	-1,037	528,89	3,1956	-0,1693	-4,847
4	LEON_VIRGEN_DEL_CAMINO_2661	-2,787	581,56	-2,2523	-0,0214	-3,268
4	PONFERRADA_1549	-1,915	671,75	0,7884	-0,1081	-4,348
4	SALAMANCA_AEROPUERTO_2867	-0,871	382,94	-0,0933	-0,0311	-1,571
4	VALLADOLID_AEROPUERTO_2539	-1,493	500,72	-4,1766	0,1074	0,923

4	VALLADOLID_2422		-0,567	435,37	0,6944	-0,0504	-1,702
4	ZAMORA_2614		0,958	346,20	2,2230	-0,0506	-0,180
5	DAROCA_9390		-0,472	453,34	-4,5324	0,1624	3,183
5	DONOSTIA__SAN_SEBASTIAN_ IGELDO_1024E		-0,035	1717,80	-17,6277	0,7038	15,799
5	HONDARRIBIA_ MALKARROA_1014		-1,659	1931,50	-22,6995	0,8417	17,279
5	LOGRONO_AEROPUERTO_9170		1,029	362,89	3,5952	-0,1026	-1,281
5	ZARAGOZA_AEROPUERTO_9434		0,524	302,61	1,2787	-0,0302	-0,155
6	A_CORUNA_1387		-0,691	981,17	4,6232	-0,2126	-5,475
6	SANTIAGO_DE_COMPOSTELA_AE-ROPUERTO_1428		-13,432	2051,91	-9,4388	-0,1597	-17,026
6	VIGO_AEROPUERTO_1495		-12,652	2234,07	-27,4685	0,5927	0,683

Tabla 25. Estaciones con datos de precipitaciones para 50 años incluidas en cada grupo.

6.5 Influencia del fenómeno «niño/niña»

En la página web de la organización meteorológica mundial (El Niño/La Niña Hoy | Organización Meteorológica Mundial (wmo.int)) se dice

> El Niño/Oscilación del Sur (ENOS) es un fenómeno natural carac-terizado por la fluctuación de las temperaturas del océano en la parte central y oriental del Pacífico ecuatorial, asociada a cambios en la atmósfera. Este fenómeno tiene una gran influencia en las condiciones climáticas de diversas partes del mundo.

En este documento, la parte del mundo donde vamos a buscar esa incidencia será España. No vamos a entrar en la causa por la que el Pacífico aumenta y disminuye su temperatura de forma cíclica, tan solo vamos a tomar nota de los años en los que se han producido. Las fases calientes y frías tienen una duración variable, pero vamos a simplificarlas, como habitualmente se hace, considerando el año de comienzo de cada una de ellas. En la tabla 26 se muestran esos años.

1902	1924	1954	1982	2007
1903	1925	1957	1987	2008
1905	1928	1963	1988	2009
1906	1938	1964	1991	2010
1909	1940	1965	1993	2015
1911	1941	1969	1994	2018
1913	1942	1970	1997	
1914	1946	1972	1998	
1916	1949	1973	2002	
1919	1951	1977	2006	

Tabla 26. Años de inicio de los fenómenos «niño» (calentamiento), en rojo, y «niña» (enfriamiento), en azul.

Otra simplificación que haremos es no tener en cuenta el mes. Los datos de las estaciones que utilizamos terminan el 30 de septiembre de 2023, inclusive, y como tratamos años completos, empiezan el 1 de octubre del primer año. El criterio de cálculo ha sido calcular la variación de la temperatura, en el año siguiente al del fenómeno, respecto de la temperatura en el año anterior, por ejemplo: para el niño de 1940, vamos a mirar la variación de la temperatura en el año 1941 respecto de la temperatura en 1940.

Para abarcar el mayor número de fenómenos, yendo lo más atrás en el tiempo, hemos utilizado inicialmente el conjunto de tres estaciones con 90 años de datos (tabla 27 y figura 33) y luego el de 13 estaciones (80 años -tabla 28 y figura 34-) para finalmente comparar con el de 70 años (25 estaciones -tabla 29 y figura 35-).

En la tabla 30 vemos el resumen de los tres casos.

año	Temperatura ºC	variación T en ºC	desviación estándar de las variaciones
1941	15,677	-0,607	0,398
1942	16,003	0,325	0,108
1947	16,507	0,268	0,513
1952	16,273	0,425	0,332
1958	16,105	0,136	0,166
1964	16,616	1,037	0,508
1966	16,714	1,077	0,625
1970	16,238	-0,096	0,066
1973	16,079	0,752	0,298
1978	15,988	0,291	0,172
1983	16,488	-0,147	0,116
1988	16,673	-0,031	0,446
1992	16,029	-0,053	0,031
1994	16,337	0,159	0,17
1995	17,074	0,738	0,648
1998	17,708	0,307	0,215
2003	17,952	1,106	0,377
2007	17,439	0,334	0,234
2010	17,11	0,398	0,543
2016	17,808	0,319	0,174
2019	17,412	0,094	0,08
media	16,68	0,325	

año	Temperatura °C	variación T en °C	desviación estándar de las variaciones
1939	16,061	0,087	0,33
1943	16,776	0,774	0,83
1950	16,645	-0,309	0,034
1955	16,871	1,161	0,174
1965	15,637	-0,979	0,553
1971	15,816	-0,422	0,349
1974	15,824	-0,255	0,13
1989	17,007	0,334	0,151
1999	17,134	-0,575	0,107
2008	17,025	-0,414	0,575
2009	16,712	-0,313	0,287
2011	17,047	-0,063	0,426
media	16,55	-0,081	

Tabla 27. Variación de la temperatura, en el año siguiente al fenómeno niño/niña, respecto de la del año anterior, para las 3 estaciones que tienen datos para 90 años.

Niños

año	Temperatura °C	variación T en °C	desviación estándar de las variaciones
1947	14,92	0,393	0,362
1952	14,64	0,202	0,262
1958	14,63	0,230	0,325
1964	15,30	1,154	0,328
1966	15,33	0,958	0,402
1970	14,74	-0,019	0,220
1973	14,45	0,642	0,204
1978	14,79	0,625	0,245
1983	14,93	-0,600	0,407
1988	15,29	-0,113	0,355
1992	14,71	-0,186	0,167

año	Temperatura °C	variación T en °C	desviación estándar de las variaciones
1994	15,22	0,441	0,364
1995	15,84	0,622	0,476
1998	16,20	0,284	0,205
2003	16,48	1,072	0,318
2007	15,83	0,066	0,407
2010	15,79	0,279	0,493
2016	16,27	0,071	0,270
2019	15,94	0,052	0,247
media	15,33	0.325	

Niñas

año	Temperatura °C	variación T en °C	desviación estándar de las variaciones
1950	15,086	-0,263	0,341
1955	15,491	1,317	0,32
1965	14,374	-0,929	0,324
1971	14,023	-0,712	0,354
1974	14,353	-0,095	0,201
1989	15,549	0,261	0,353
1999	15,618	-0,583	0,203
2008	15,501	-0,327	0,444
2009	15,508	0,007	0,397
2011	15,77	-0,016	0,389
media	15,13	-0,134	

Tabla 28. Variación de la temperatura, en el año siguiente al fenómeno niño/niña, respecto de la del año anterior, con las 13 estaciones que tienen datos para 80 años.

Niños

año	Temperatura °C	variación T en °C	desviación estándar de las variaciones
1958	14,23	0,119	0,449
1964	15,01	1,233	0,312
1966	14,96	0,943	0,337

1970	14,34	0,029	0,253
1973	14,05	0,602	0,248
1978	14,40	0,674	0,223
1983	14,44	-0,810	0,409
1988	14,84	-0,192	0,337
1992	14,38	-0,228	0,207
1994	14,90	0,548	0,356
1995	15,56	0,663	0,428
1998	15,79	0,238	0,216
2003	16,10	1,149	0,444
2007	15,47	0,020	0,345
2010	15,49	0,296	0,608
2016	15,97	0,000	0,248
2019	15,73	0,132	0,299
media	15,04	0,319	

Niñas

año	Temperatura °C	variación T en °C	desviación estándar de las variaciones
1955	15,289	1,349	0,28
1965	14,012	-0,993	0,264
1971	13,581	-0,754	0,357
1974	13,972	-0,074	0,226
1989	15,176	0,341	0,338
1999	15,17	-0,617	0,259
2008	15,182	-0,288	0,4
2009	15,198	0,016	0,436
2011	15,512	0,019	0,373
media	14,79	-0,111	

Tabla 29. Variación de la temperatura, en el año siguiente al fenómeno niño/niña, respecto de la del año anterior, con las 25 estaciones que tienen 70 años de datos.

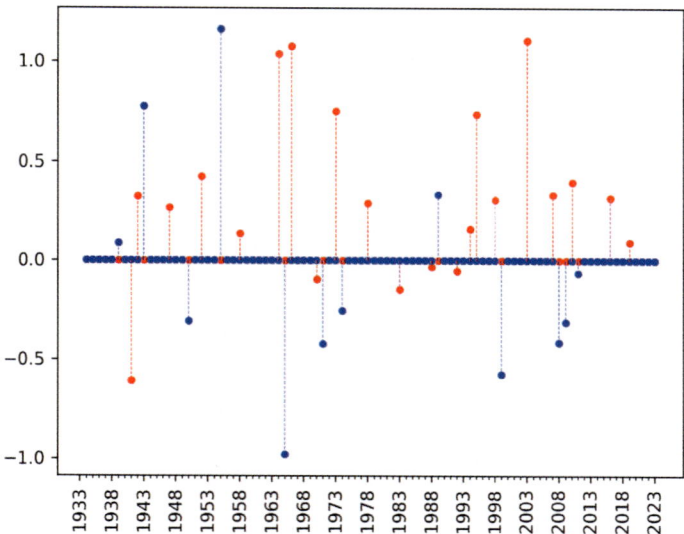

Figura 33. Variación de la temperatura, en el año siguiente al fenómeno niño/niña, respecto de la del año anterior, con las 3 estaciones que tienen 90 años de datos.

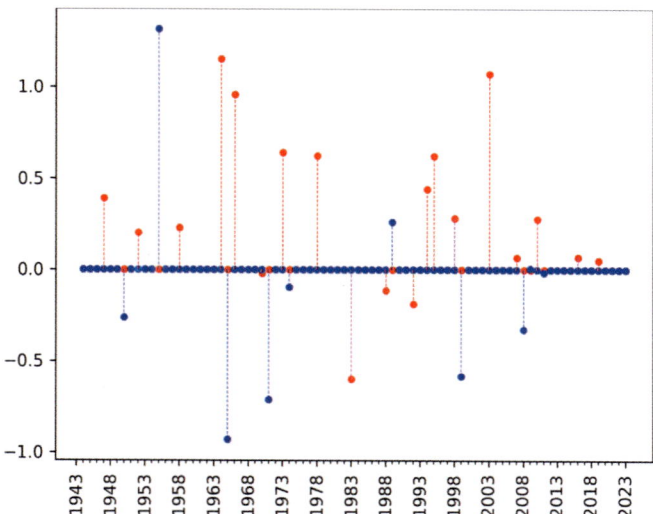

Figura 34. Variación de la temperatura, en el año siguiente al fenómeno niño/niña, respecto de la del año anterior, con las 13 estaciones que tienen 80 años de datos.

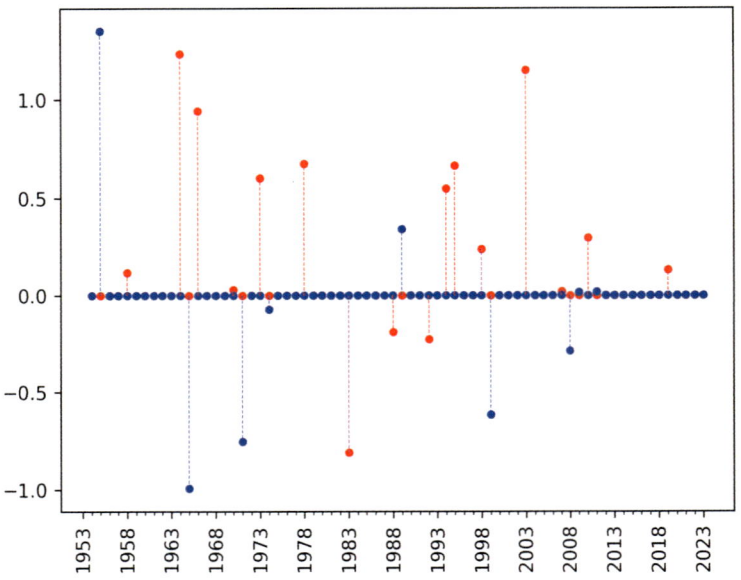

Figura 35. Variación de la temperatura, en el año siguiente al fenómeno niño/niña, respecto de la del año anterior, con las 13 estaciones que tienen 70 años de datos.

esta-ciones	años	Niños Tempe-ratura °C	Niños varia-ción T en °C	suben	bajan	Niñas Tempe-ratura °C	Niñas varia-ción T en °C	suben	bajan
3	90	16,7	0,325	16	5	16,5	-0,081	4	8
13	80	15,3	0,325	15	4	15,1	-0,134	3	7
25	70	15,0	0,319	13	4	14,8	-0,111	4	5

Tabla 30. Resumen de la variación anual de la temperatura, para los conjuntos de estaciones, en los años posteriores al fenómeno niño/niña.

Tomando los resultados para las 13 estaciones con datos para 80 años: del orden del 79 % de los años posteriores al inicio de un «niño», la temperatura sube 0,32 °C de media y del orden del 70 %

de los años posteriores al inicio de una «niña», la temperatura baja 0,13 °C de media. Como ya se mencionó, esta puede ser una de las causas de que se observe una alternancia en el signo de las variaciones de un año respecto al siguiente.

Si subir o bajar la temperatura, de un año para otro, tuviese la misma probabilidad y fuesen hechos independientes, la probabilidad de que, en 19 años, suban 15 y bajen 4, vendría dada por la distribución de Poisson (fórmula 2) y tendría un valor de 2,6 %, cuando la probabilidad de mitad y mitad sería del 12 %, por lo que podemos descartar que esto ocurra por casualidad. El sentido común tiende a pensar que la probabilidad de que se obtenga justo la mitad debe ser muy alta, pero no es así, porque es casi igual de probable obtener una menos, o una más y las probabilidades de todas las posibilidades suman 100 %. Por esto, es más contundente decir que la probabilidad de encontrar 9 o 10 subidas en los 19 casos es del 25 % y lo que realmente hemos observado tiene solo el 2,6 %, diez veces menos.

$$P\left(x\right) = \frac{\mu^{x} . e^{-\mu}}{x!}$$

Fórmula 2. Probabilidad de Poisson para X (15 subidas) en una muestra de (19 casos) en la que se esperan (19/2=9,5 subidas).

En cuanto al signo de la variación, los resultados son robustos: el niño hacer subir la temperatura y la «niña» la baja. No obstante, hay menos «niñas» que «niños», pero, sobre todo, en los años 1943 y 1945 aparecen subidas extraordinarias a pesar de ser posteriores al inicio de una «niña», lo que pesa mucho en el resultado, de hecho, si se utiliza el grupo de 36 estaciones con 60 años de datos, que empiezan en el año 1963, la subida de los «niños» es de 0,2 °C y la bajada de las niñas también 0,2 °C.

Este análisis se podría mejorar considerando los inicios de los fenómenos y su duración en consonancia con las fechas de los datos y no simplemente el año después, pero creo que es pedir demasiado a los datos disponibles y es muy probable que no tenga influencia en la tendencia de la temperatura a largo plazo, porque con toda la incertidumbre antes mencionada, me atrevería a decir que las subidas del «niño» se compensan con las bajadas de la «niña» (como apunta el conjunto de 36 estaciones). De no ser así, la temperatura se iría incrementando de forma sistemática.

Para terminar, mencionar el efecto del «niño» en las precipitaciones, tabla 31.

		Niños				Niñas			
		Precipitación	variación pre			Precipitación	variación pre		
estaciones	años	mm/m2	mm/m2	suben	bajan	mm/m2	mm/m2	suben	bajan
3	90	793,4	-55,1	8	13	773,2	-4,4	8	4
10	80	609,2	-48,4	6	13	594,6	-25,4	5	5
24	70	553,4	-7,9	7	10	522,7	-58,1	3	6

Tabla 31. Resumen de la variación de las precipitaciones en un año, para los conjuntos de estaciones, en los años posteriores al fenómeno niño/niña.

Se obtiene que las subidas y bajadas están más equilibradas que en el caso de la temperatura, de hecho, en el caso de las niñas suben tantas veces como bajan, por lo que no se aprecia que el niño/niña tenga efecto sobre las precipitaciones en España.

6.6 Análisis de dispersión/concentración (volatilidad)

En este apartado vamos a ver si las temperaturas y precipitaciones se están «extremando», en el sentido de que los episodios de valores extremos (altas temperaturas, altas precipitaciones) sean cada vez más frecuentes.

El análisis más sencillo es calcular la dispersión o volatilidad (desviación estándar) de los datos en cada año y ver si hay una tendencia a lo largo del tiempo.

Si la desviación estándar aumenta, significa que aumenta la probabilidad de que los valores se alejen de la media. Por ejemplo: en la década del 1943 al 1953 la temperatura media de las 13 estaciones (con datos para 80 años) fue de 14,74 °C y la desviación estándar de 0,414 °C, esto significa que la probabilidad de encontrar un valor superior o inferior a 0,5 °C de la media es del 23 %, si la desviación estándar fuese de 0,500 °C, la probabilidad aumentaría al 32 %. Esto en el supuesto de una distribución normal, a la que parece que se ajustan razonablemente los datos de temperatura.

Otra vez más, vamos a estar condicionados por la duración del periodo de años que analicemos, por lo que mostraremos los resultados en varios periodos, para la temperatura (tabla 32, figura 36) y para las precipitaciones (tabla 33, figura 37).

años	estaciones	desviación estándar °C
97	1	-0,00167
90	3	-0,00065
80	13	0,00221
70	25	0,00598
60	36	0,00678
50	49	0,01048
40	62	0,00768

Tabla 32. Tendencia de la desviación estándar anual de la temperatura a lo largo del tiempo.

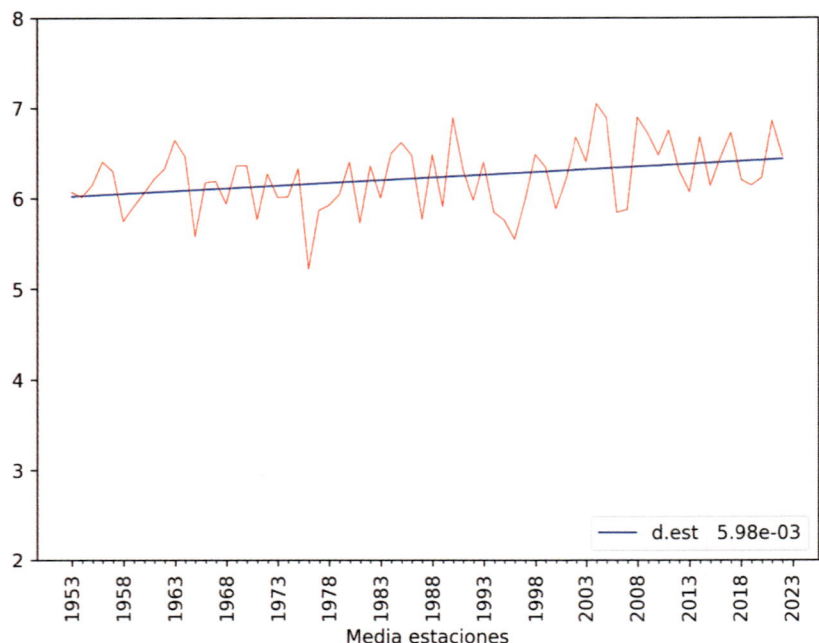

Figura 36. Tendencia de la desviación estándar anual de la temperatura a lo largo del tiempo. Media de las 25 estaciones con 70 años de datos.

años	estaciones	desviación estándar mm/m2
97	1	0,01793
90	3	0,00528
80	10	-0,00077
70	24	-0,00294
60	33	-0,00641
50	44	-0,00091
40	57	-0,00056

Tabla 33. Tendencia de la desviación estándar anual de las precipitaciones a lo largo del tiempo.

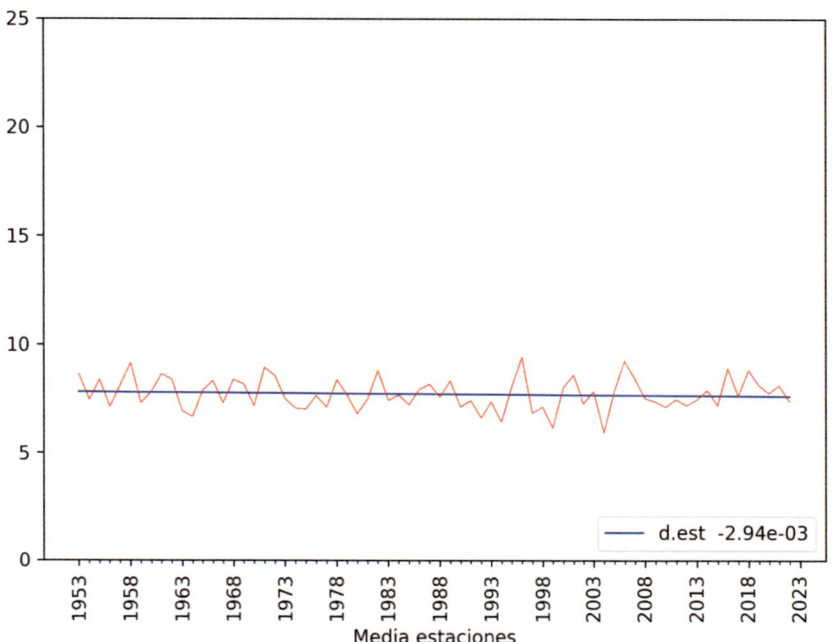

Figura 37. Tendencia de la desviación estándar anual de las precipitaciones a lo largo del tiempo. Media de las 25 estaciones con 70 años de datos.

La tendencia de la desviación estándar anual de la temperatura es la de incrementarse (0,00598 °C), que es muy poco, 10 veces menos que la tendencia del incremento de temperatura y hay que tener en cuenta que el incremento de las temperaturas debe acarrear un incremento del valor de la desviación estándar (escala). Con este valor, no se puede decir que los valores extremos se estén acentuando de forma apreciable.

En el caso de las precipitaciones, el resultado es una reducción (-0,00294 mm/m2), probablemente por el efecto escala del descenso de las precipitaciones, pero igual de poco concluyente.

Las desviaciones dentro del año, respecto a la media, están principalmente determinadas por la estacionalidad (figuras 38 y 39), estas desviaciones son mucho más importantes que las que puedan sufrir los valores extremos a lo largo del tiempo, ahora ya no buscamos una aguja en un pajar, buscamos algo aún más microscópico.

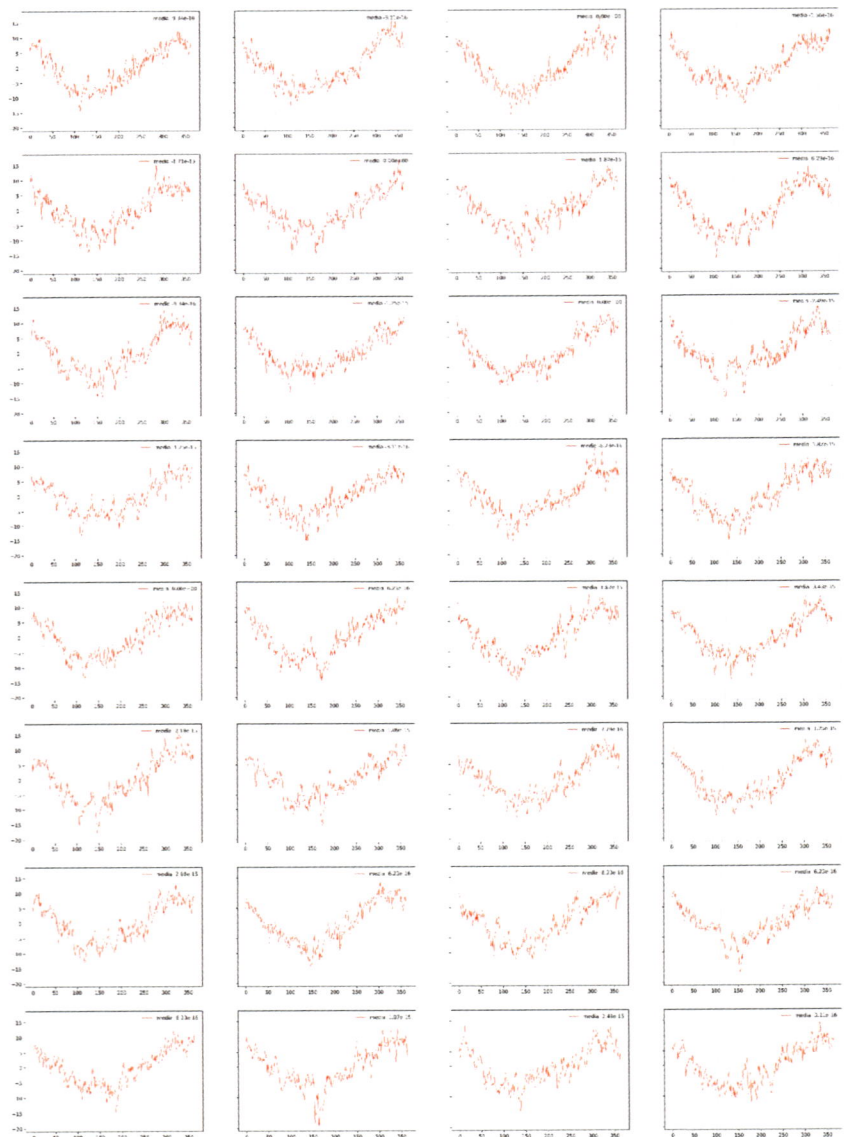

Figura 38. Desviaciones anuales de la temperatura respecto a la media del año, para los 32 años desde el 1926 al 1958, en la estación Barcelona Fabra. Los años comienzan en septiembre. Las desviaciones están dominadas por la estacionalidad.

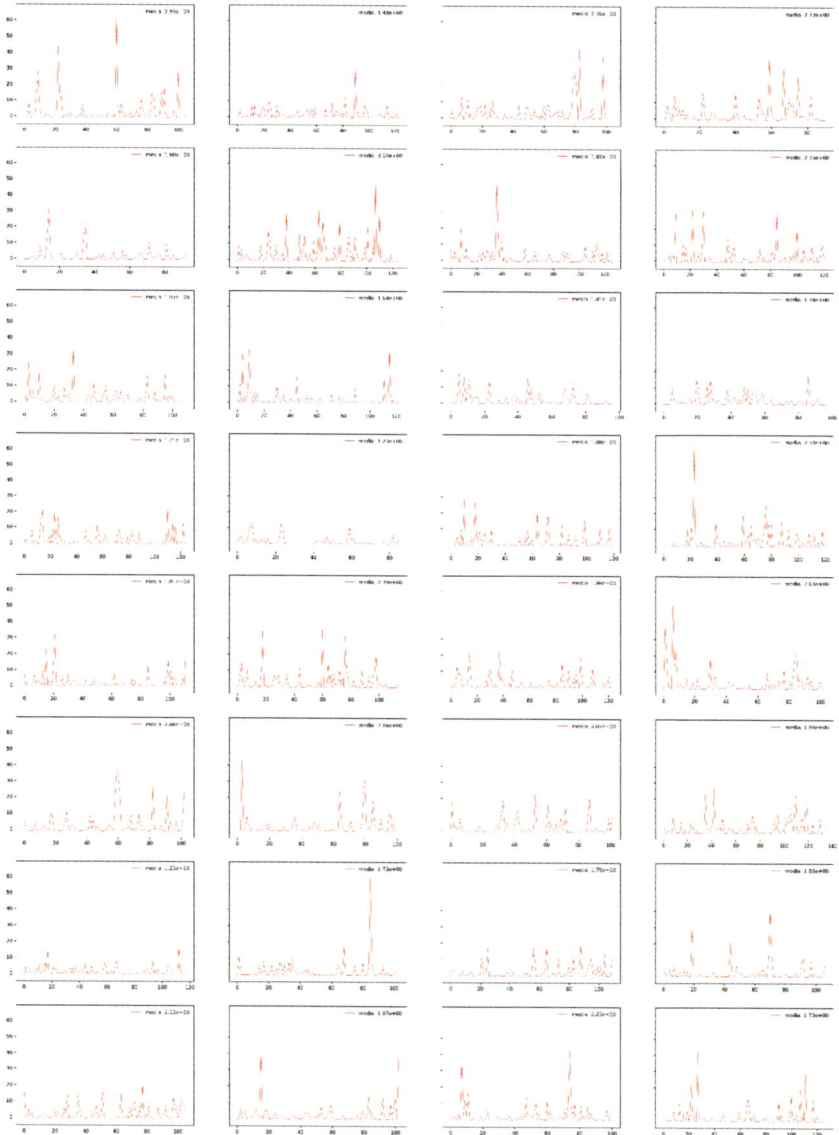

Figura 39. Desviaciones diarias de las precipitaciones respecto a la desviación diaria media del año, para los 32 años desde el 1926 al 1958, en la estación Barcelona Fabra. Los años comienzan en septiembre. Las desviaciones están dominadas por la estacionalidad.

Dado que el análisis de la volatilidad no ha resultado significativo, vamos a explorar otras medidas de la volatilidad más concretas. Vamos a analizar si las precipitaciones se van concentrando en un menor número de días según pasan los años, utilizando dos estimadores:

1. Evolución del menor número de días que son necesarios para alcanzar el 50 % de las precipitaciones del año. Llamaremos Dmin a este menor número de días, que obviamente serán los días con más precipitación en el año. Recíprocamente, tendremos los días de menores precipitaciones que alcanzan ese mismo 50 % de las precipitaciones del año. Llamaremos Dmax al máximo número de días, que son obviamente los días con menor precipitación.

2. Evolución de las secuencias de días consecutivos sin precipitación en cada año: anotaremos la menor secuencia de días consecutivos sin llover, la secuencia más larga de días consecutivos sin llover (sequía extrema) y la secuencia de días que por término medio está sin llover de forma consecutiva.

En la figura 40 se muestra el primer estimador para la estación que nos está sirviendo de ejemplo: Barcelona Fabra. Dmin y Dmax son simétricos porque al considerar el 50 % de las precipitaciones anuales, lo que aumenta Dmin lo tiene que disminuir Dmax.

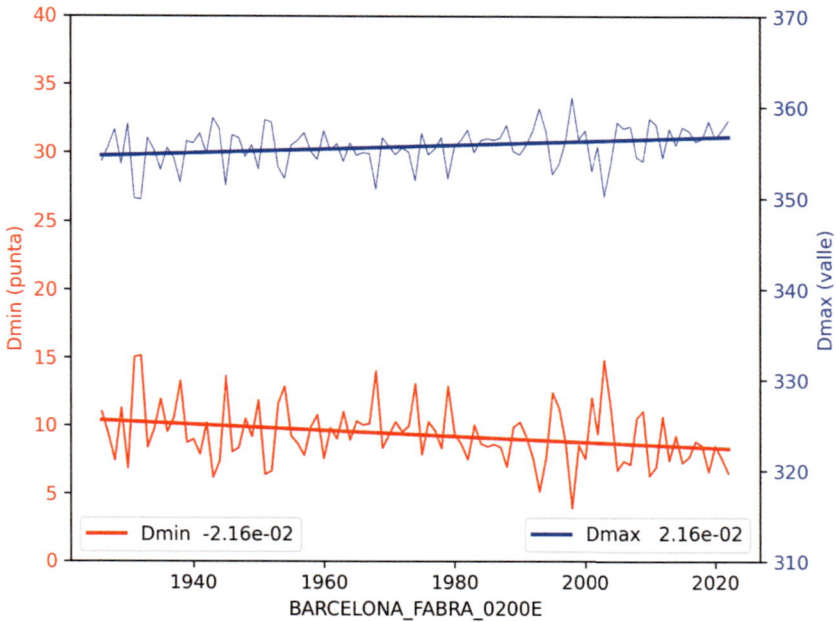

Figura 40. Dmin. Evolución anual de los días, con mayores precipitaciones, que son necesarios para alcanzar el 50 % de las precipitaciones en cada año.

Se ve que cada vez se alcanza el 50 % de las precipitaciones al año con un menor número de días, se pasa de 10,4 días en el año 1927 a 8,3 días en el 2023, lo que equivale a una reducción, pasado un siglo, de 2 días al año, es decir, una reducción del 20 % de los días necesarios para llegar al 50 % de la precipitación anual.

Resulta llamativo que se alcance el 50 % de las precipitaciones de un año en tan solo 10 días, lo primero que hay que decir es que no son días consecutivos, son los 10 días de mayor precipitación, estén donde estén. Pero lo más importante, como veremos a continuación, es que solo llueve aproximadamente en 110 de los 365 días del año. Decir que se alcanza el 50 % de las precipitaciones del año con el 10 % de los días que más llueve, ya no es tan llamativo.

En cuanto al segundo estimador, en las figuras siguientes, se muestra la evolución del:
- Número de días al año sin precipitaciones. Figura 41.
- La menor secuencia de días consecutivos sin llover en cada año. Figura 42.
- La mayor secuencia de días consecutivos sin llover en cada año (sequía extrema). Figura 43.
- La secuencia media de días consecutivos sin llover en cada año (sequia). Figura 44.

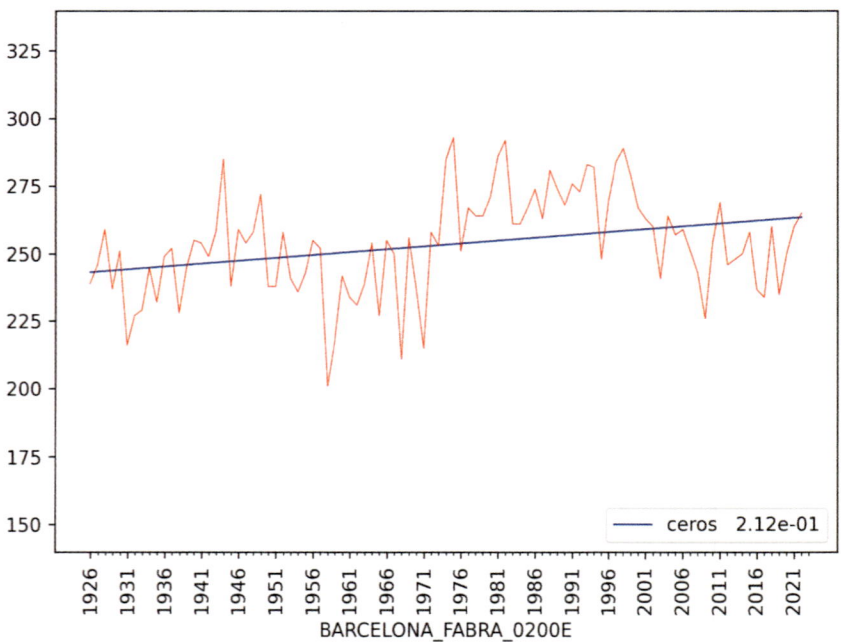

Figura 41. Número de días al año sin precipitaciones en la estación Barcelona Fabra.

Como acabamos de ver, hay unos 250 días en el año en los que no llueve y esa cifra ha crecido con los años a un ritmo medio de 0,212 días/año, 21 días al año, pasado un siglo.

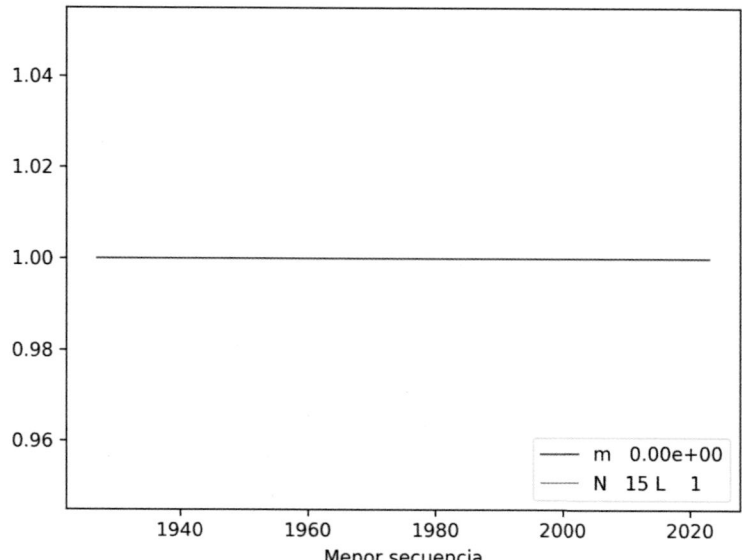

Figura 42. La menor secuencia de días consecutivos sin llover en cada año en la estación Barcelona Fabra.

Este indicador no es relevante, siempre hay al menos un día que no llueve, entre dos en que sí lo hace. Esto ocurre en todas las estaciones, por lo que no volveremos a mencionarlo.

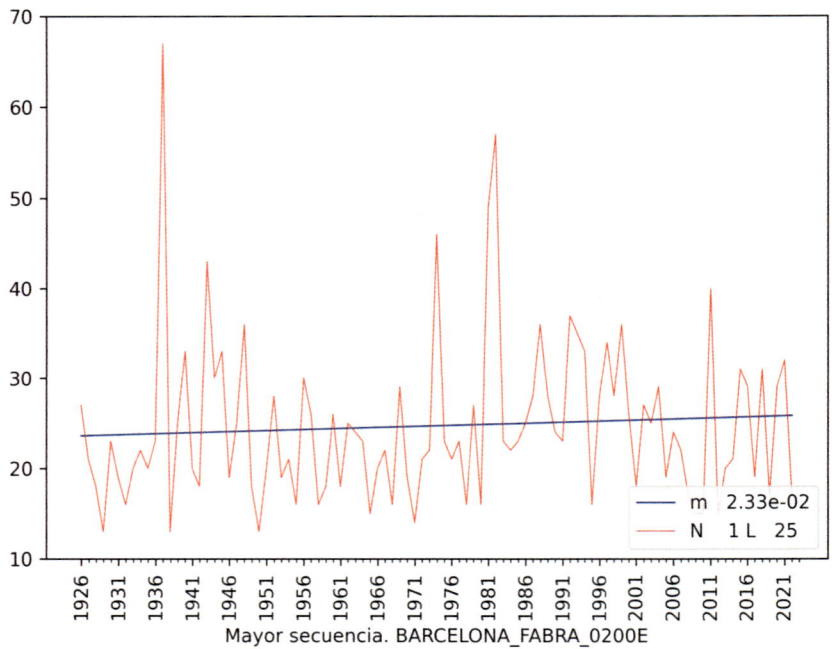

Figura 43. La mayor secuencia de días consecutivos sin llover en cada año (sequía extrema) en la estación Barcelona Fabra.

Ahora estamos hablando de días consecutivos, en esta estación, los periodos de sequía han llegado a ser de dos meses, la mayor secuencia media anual (la media de la mayor en cada uno de los 97 años analizados) ha sido de 25 días y se ha ido incrementando por término medio a razón 0,023 días/año, es decir, 2,3 días al año, pasado un siglo.

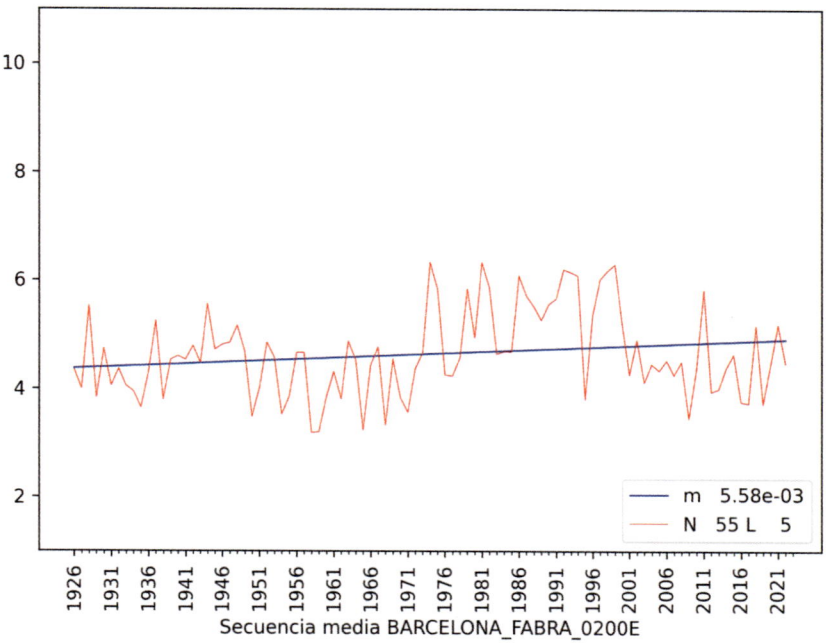

Figura 44. La secuencia media de días consecutivos sin llover (sequía) en cada año en la estación Barcelona Fabra.

Los periodos de sequía, en los 97 años de esta estación, han sido de media 4,5 días y han crecido a una tasa de 0,006 días al año, es decir, 0,6 días al año, pasado un siglo.

Lo que hemos visto para esta estación de ejemplo es lo que ocurre para el conjunto de estaciones de las que tenemos datos, las cifras concretas de variaciones anuales cambian según el periodo de años analizados (que supone distintas estaciones), pero son significativamente iguales.

En la tabla 34 se resumen los resultados de nuestros estimadores para periodos de cálculo de 90 a 40 años (más la estación Barcelona Fabra, -97 años-), aunque la representatividad es muy distinta, se han incluido todos porque nos da una idea de la incertidumbre de los resultados.

		Dmin			Dmax		
años	estaciones	días/año	días	días	días/año	días	días
97	1	-0,022	10,4	8,3	0,022	354,6	356,7
90	3	-0,010	13,8	12,9	0,010	351,2	352,1
80	10	-0,012	12,3	11,4	0,012	352,7	353,6
70	24	-0,020	13,0	11,6	0,020	352,0	353,4
60	33	-0,023	13,6	12,3	0,023	351,4	352,7
50	44	-0,020	11,8	10,9	0,020	353,2	354,1
40	57	-0,023	11,2	10,4	0,023	353,8	354,7

		días sin llover			sequía extrema			sequía media		
			inicial	final		inicial	final		inicial	final
años	estaciones	días/año	días	días	días/año	días	días	días/año	días	días
97	1	0,212	243,3	263,6	0,023	23,6	25,8	0,006	4,4	4,9
90	3	0,036	232,2	235,5	-0,135	40,3	28,3	-0,003	5,3	5,1
80	10	0,058	241,8	246,4	-0,021	30,6	29,0	0,006	5,0	5,5
70	24	0,125	243,3	251,9	0,031	31,5	33,7	0,007	5,3	5,8
60	33	0,128	243,0	250,5	0,049	33,0	35,9	0,010	5,5	6,1
50	44	0,095	254,8	259,4	0,083	36,5	40,6	0,010	6,2	6,7
40	57	0,029	259,9	261,0	0,016	39,2	39,9	0,006	6,5	6,7

Tabla 34. Resultado de los estimadores de concentración de las precipitaciones para distintos grupos de estaciones en función de los datos disponibles. Las columnas «días/año» son la tasa de variación anual de los estimadores. Las columnas «inicio», «final» son el número de días, del estimador correspondiente, en el primer y último año de los datos de cada periodo.

El número de días sin llover al año crece en todos los casos, si tomamos la cifra de las 24 estaciones con datos para 70 años, pasado un siglo, serán 12 días más sin llover al año (5 %).

En cuanto a la disminución de los días necesarios para alcanzar el 50 % de las precipitaciones (Dmin), se obtienen resultados homogéneos para periodos de cálculo de 40 a 70 años: una reducción de aproximadamente 2 días al año (15 %), pasado un siglo.

El mayor número de días consecutivos sin llover (sequía extrema) presenta una mayor dispersión, siempre aumentando para cálculos con 70 años de datos o menos, como valor de referencia podemos tomar el de 70 años: 3 días al año (10 %), pasado un siglo.

Finalmente, la sequía media (días seguidos sin llover por término medio) aumenta del orden de 1 día al año (13 %), pasado un siglo.

Para ilustrar el detalle por estaciones, en las tablas 35 y 36 se muestran las 24 y 57 estaciones con datos en un periodo de 70 y 40 años. Una misma estación tiene resultados diferentes en ambas tablas porque el periodo de cálculo es diferente.

	Dmin	Días sin	sequía	sequía
	días/ año	llover	extrema	media
A_CORUNA_1387	-0,0346	0,1420	0,0033	0,0018
ALACANT_ALICANTE_8025	-0,0107	0,4835	0,2492	0,0448
ALBACETE_BASE_AEREA_8175	-0,0315	0,1322	0,0399	0,0107
ALCANTARILLA_BASE_AEREA_7228	-0,0025	0,1618	0,1537	0,0212
BARCELONA_FABRA_0200E	-0,0330	0,2283	0,0437	0,0064
BURGOS_AEROPUERTO_2331	-0,0153	-0,0894	-0,0301	-0,0037
DAROCA_9390	-0,0267	-0,1217	-0,0339	0,0002
DONOSTIA__SAN_SEBASTIAN_IGELDO_1024E	0,0006	0,0208	-0,0123	0,0009
ESTACION_DE_TORTOSA_(ROQUETES)_9981A	-0,0123	0,3432	0,0974	0,0208
GETAFE_3200	-0,0261	0,0935	0,0239	0,0036
JEREZ_DE_LA_FRONTERA_AEROPUERTO_5960	-0,0217	-0,4588	-0,1339	-0,0197
LOGRONO_AEROPUERTO_9170	-0,0004	0,2815	0,1039	0,0076
MADRID_CUATRO_VIENTOS_3196	-0,0331	0,1592	0,0570	0,0025
MADRID_RETIRO_3195	-0,0398	0,4768	0,1703	0,0241
PONFERRADA_1549	-0,0014	0,2887	0,0773	0,0004
PUERTO_DE_NAVACERRADA_2462	-0,0361	0,0335	-0,0545	0,0034
SALAMANCA_AEROPUERTO_2867	-0,0218	0,1986	0,0616	0,0042
SEVILLA_AEROPUERTO_5783	-0,0192	0,0746	0,2697	0,0182
STA_CRUZ_DE_TENERIFE_C449C	-0,0144	-0,1504	-0,6099	-0,0197

	-0.0373	-0.6067	-0.3483	-0.0246
TENERIFE_NORTE_AEROPUERTO_C447A	-0.0373	-0.6067	-0.3483	-0.0246
VALENCIA_8416	-0.0123	0.4144	0.2182	0.0326
VALLADOLID_AEROPUERTO_2539	-0.0343	0.2588	0.0714	0.0037
ZAMORA_2614	-0.0146	0.6142	0.2839	0.0253
ZARAGOZA_AEROPUERTO_9434	0.0017	0.0217	0.0517	0.0027

Tabla 35. Resultados para las 24 estaciones con datos de precipitaciones para 70 años.

	Dmin días/ año	Días sin llover	sequía extrema	sequía media
A_CORUNA_1387	-0.0477	25.24	23.38	339.76
ALACANT_ALICANTE_8025	-0.0099	5.80	5.42	359.20
ALBACETE_BASE_AEREA_8175	-0.0069	8.94	8.67	356.06
ALBACETE_8178D	-0.0052	9.65	9.45	355.35
ALCANTARILLA_BASE_AEREA_7228	-0.0123	5.74	5.26	359.26
ALICANTE_ELCHE_AEROPUERTO_8019	-0.0262	6.37	5.35	358.63
ALMERIA_AEROPUERTO_6325O	-0.0363	5.24	3.82	359.76
BADAJOZ_AEROPUERTO_4452	-0.0531	13.06	10.99	351.94
BARCELONA_FABRA_0200E	-0.0272	9.16	8.10	355.84
BURGOS_AEROPUERTO_2331	-0.0305	17.68	16.49	347.32
CACERES_3469A	-0.0143	11.95	11.39	353.05
CASTELLO__ALMASSORA_8500A	-0.0455	7.13	5.35	357.87
CIUDAD_REAL_4121	-0.0458	12.57	10.79	352.43
CUENCA_8096	-0.0871	15.91	12.52	349.09
DAROCA_9390	-0.0737	13.80	10.93	351.20
DONOSTIA__SAN_SEBASTIAN_IGEL-DO_1024E	0.0175	25.23	25.91	339.77
ESTACION_DE_TORTOSA_(ROQUE-TES)_9981A	-0.0568	8.16	5.95	356.84
FORONDA_TXOKIZA_90910	-0.0196	18.13	17.37	346.87
FUERTEVENTURA_AEROPUERTO_C249I	-0.0154	3.32	2.72	361.68
GETAFE_3200	-0.0815	13.04	9.87	351.96
GRAN_CANARIA_AEROPUERTO_C649I	0.0180	3.26	3.96	361.74
GRANADA_AEROPUERTO_5530E	-0.0240	10.97	10.03	354.03
HIERRO_AEROPUERTO_C929I	0.0664	2.56	5.15	362.44

HONDARRIBIA_MALKARROA_1014	-0,0119	24,33	23,86	340,67
IBIZA_AEROPUERTO_B954	-0,0547	8,34	6,21	356,66
IZANA_C430E	-0,0076	4,64	4,35	360,36
JEREZ_DE_LA_FRONTERA_AEROPUER-TO_5960	0,0140	8,91	9,46	356,09
LANZAROTE_AEROPUERTO_C029O	-0,0458	4,61	2,83	360,39
LEON_VIRGEN_DEL_CAMINO_2661	0,0125	14,84	15,32	350,16
LLEIDA_9771C	-0,0030	8,12	8,00	356,88
LOGRONO_AEROPUERTO_9170	-0,0093	13,51	13,15	351,49
MADRID_AEROPUERTO_3129	-0,0610	12,80	10,43	352,20
MADRID_CUATRO_VIENTOS_3196	-0,0579	13,04	10,78	351,96
MADRID_RETIRO_3195	-0,0693	13,61	10,91	351,39
MALAGA_AEROPUERTO_6155A	-0,0229	6,92	6,03	358,08
MELILLA_6000A	0,0024	6,81	6,90	358,19
MENORCA_AEROPUERTO_B893	-0,0457	11,12	9,34	353,88
PALMA_DE_MALLORCA_AEROPUER-TO_B278	-0,0279	9,01	7,92	355,99
PALMA_PUERTO_B228	-0,0387	9,67	8,16	355,33
PONFERRADA_1549	-0,0167	18,25	17,60	346,75
PUERTO_DE_NAVACERRADA_2462	0,0084	18,96	19,28	346,04
SALAMANCA_AEROPUERTO_2867	0,0094	12,80	13,16	352,21
SAN_JAVIER_AEROPUERTO_7031	-0,0170	4,78	4,12	360,22
SANTIAGO_DE_COMPOSTELA_AERO-PUERTO_1428	0,0281	23,52	24,61	341,48
SEVILLA_AEROPUERTO_5783	-0,0200	9,72	8,94	355,28
STA_CRUZ_DE_TENERIFE_C449C	-0,0249	5,08	4,11	359,92
TENERIFE_NORTE_AEROPUERTO_C447A	-0,0451	10,31	8,55	354,69
TENERIFE_SUR_AEROPUERTO_C429I	-0,0067	2,87	2,61	362,13
TOLEDO_3260B	-0,0600	11,78	9,44	353,22
TORREJON_DE_ARDOZ_3175	-0,0469	12,94	11,11	352,06
VALENCIA_AEROPUERTO_8414A	-0,0258	6,68	5,68	358,32
VALENCIA_8416	-0,0402	7,02	5,45	357,98
VALLADOLID_AEROPUERTO_2539	0,0059	13,53	13,76	351,47
VALLADOLID_2422	0,0195	13,42	14,18	351,58
VIGO_AEROPUERTO_1495	-0,0801	24,70	21,58	340,30
ZAMORA_2614	0,0296	12,37	13,53	352,63

Tabla 36. Resultados para las 57 estaciones con datos de precipitaciones para 40 años.

Finalmente, en la tabla 37, los resultados para los 6 grupos que surgen de clasificar (por similitud en la evolución diaria de las precipitaciones) las 45 estaciones (tabla 34) con datos para 50 años (figura 45 -que es la misma que la 32-), seguir con 70 años de datos reduce demasiado el número de estaciones.

Grupo	estaciones	Dmin días/año	desviación estándar mm/m2
4	7	-0,0087	-0,0061
3	6	-0,0116	-0,0313
2	12	-0,0197	0,0263
5	5	-0,0220	0,0093
6	3	-0,0223	-0,0584
1	12	-0,0298	0,0003
	45	-0,0200	-0,0009

Tabla 37. Tasa de variación del menor número de días necesario para acumular el 50 % de las precipitaciones anuales, para los grupos de la clasificación de 45 estaciones (50 años de datos).

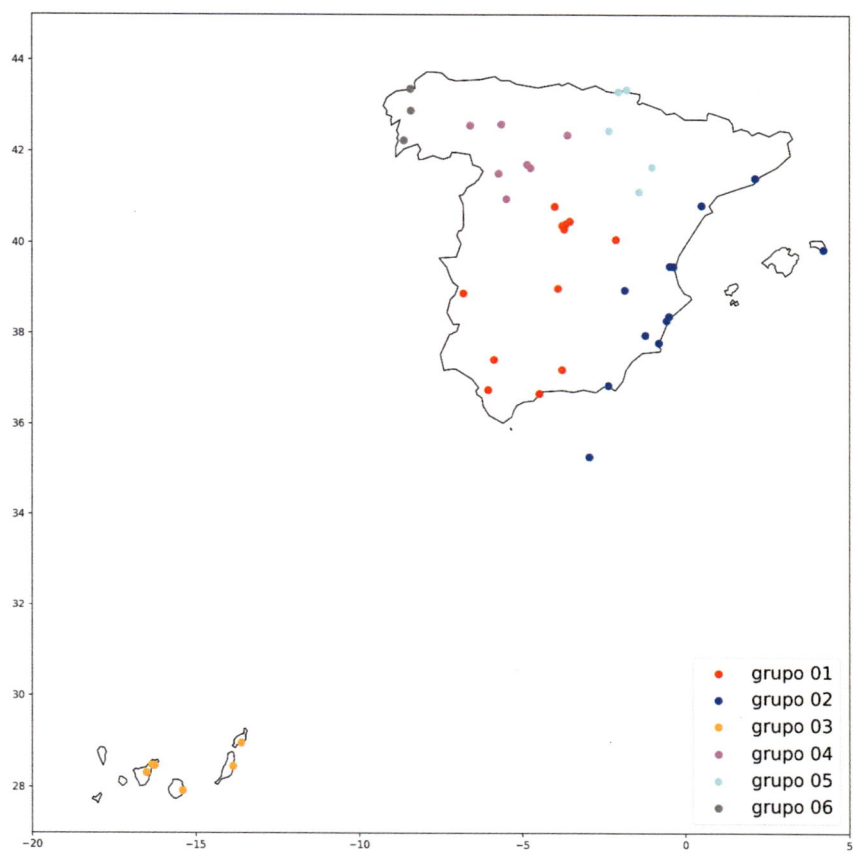

Figura 45. Estaciones con datos para 50 años incluidas en cada grupo de precipitaciones.

Grupo1

BADAJOZ_AEROPUERTO_4452

CIUDAD_REAL_4121

CUENCA_8096

GETAFE_3200

GRANADA_AEROPUERTO_5530E

JEREZ_DE_LA_FRONTERA_AEROPUERTO_5960

MADRID_AEROPUERTO_3129

MADRID_CUATRO_VIENTOS_3196

MADRID_RETIRO_3195

MALAGA_AEROPUERTO_6155A

PUERTO_DE_NAVACERRADA_2462

Grupo 2

ALACANT_ALICANTE_8025

ALBACETE_BASE_AEREA_8175

ALCANTARILLA_BASE_AEREA_7228

ALICANTE_ELCHE_AEROPUERTO_8019

ALMERIA_AEROPUERTO_6325O

BARCELONA_FABRA_0200E

ESTACION_DE_TORTOSA_(ROQUETES)_9981A

MELILLA_6000A

MENORCA_AEROPUERTO_B893

SAN_JAVIER_AEROPUERTO_7031

VALENCIA_AEROPUERTO_8414A

VALENCIA_8416

Grupo 3

FUERTEVENTURA_AEROPUERTO_C249I

GRAN_CANARIA_AEROPUERTO_C649I

IZANA_C430E

LANZAROTE_AEROPUERTO_C029O

STA_CRUZ_DE_TENERIFE_C449C

TENERIFE_NORTE_AEROPUERTO_C447A

Grupo 4

BURGOS_AEROPUERTO_2331

LEON_VIRGEN_DEL_CAMINO_2661

PONFERRADA_1549

SALAMANCA_AEROPUERTO_2867

VALLADOLID_AEROPUERTO_2539

VALLADOLID_2422

ZAMORA_2614

Grupo 5

DAROCA_9390

DONOSTIA__SAN_SEBASTIAN_IGELDO_1024E

HONDARRIBIA_MALKARROA_1014

LOGRONO_AEROPUERTO_9170

ZARAGOZA_AEROPUERTO_9434

Grupo 6

A_CORUNA_1387

SANTIAGO_DE_COMPOSTELA_AEROPUERTO_1428

VIGO_AEROPUERTO_1495

Tabla 38. Estaciones con datos para 50 años incluidas en cada grupo de precipitaciones.

Canarias y Castilla la vieja (grupos 3 y 4) tienen una tasa de concentración (1 día/año, pasado un siglo) que es la mitad que el resto de las estaciones, que la tienen muy similar (2 días). Pero clasificando las estaciones con otros periodos de datos se obtienen resultados distintos y quizás lo único que se pueda destacar es que Canarias es la que muestra un menor grado de concentración.

Si agrupamos las 45 estaciones por su ubicación (longitud) geográfica (norte, oeste, centro, este y canarias -tabla 39 y figura 46), los resultados son prácticamente los mismos que antes (tabla 37).

La incertidumbre de estos resultados es grande, entre otras cosas, por el reducido número de estaciones.

Grupo	estaciones	Dmin días/año	desviación estándar mm/m2
4	7	-0,0087	-0,0061
3	6	-0,0116	-0,0313
2	12	-0,0197	0,0263
5	5	-0,0220	0,0093
6	3	-0,0223	-0,0584
	45	-0,0200	-0,0009

Tabla 39. Tasa de variación del menor número de días necesario para acumular el 50 % de las precipitaciones anuales, para los grupos de la clasificación de 44 estaciones (50 años de datos) según su longitud geográfica.

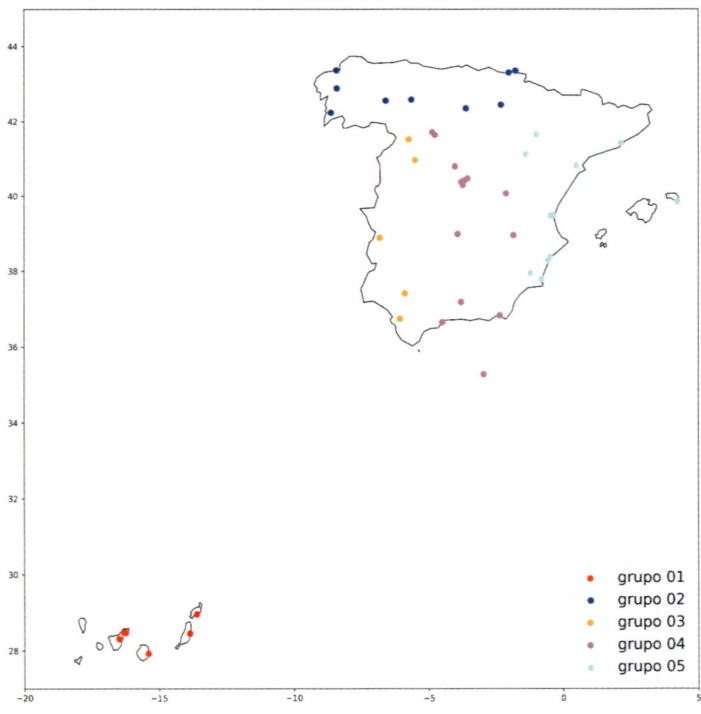

Figura 46. Estaciones con 50 años de datos incluidas en los grupos de precipitaciones según su longitud geográfica.

Para la temperatura no tiene sentido el número de días a cero, o las secuencias de ceros, porque el cero es una temperatura más, pero si el número de días con temperaturas extremas. Para usar el esquema que hemos empleado con precipitaciones hay que tratar con la suma de temperaturas del año, que no tiene un sentido evidente, pero podemos pensar en términos de calor (energía), a cada día le corresponde un calor, proporcional a su temperatura, y la suma del calor de todos los días es el calor total en el año, si consideramos que la constante de proporcionalidad, entre calor y temperatura, es la misma para todos los días, hablar de concentración de calor es equivalente a concentración de temperatura y mantener el concepto de mínimo número de días (Dmin) en el que se alcanza el 50 % del calor (temperatura) del año. La tabla 40 muestra los resultados para los distintos periodos de cálculo que estamos utilizando.

años	estaciones	Dmin días/año	días	días
97	1	0,0814	119,5	127,4
90	3	0,0478	136,0	140,3
80	13	0,0469	124,8	128,5
70	25	0,0537	119,3	123,0
60	36	0,0808	118,4	123,2
50	49	0,0638	123,2	126,3
40	62	0,0628	124,7	127,2

Tabla 40. Resultado de los estimadores de concentración de la temperatura para distintos grupos de estaciones en función de los datos disponibles. Las columnas «días/año» es la tasa de variación anual del estimador Dmin. Las columnas «inicio», «final» son el número de días en el primer y último año de los datos de cada periodo.

El calor se concentra en menos días, por lo tanto, los días de temperaturas máximas aumentan, o lo hace la temperatura máxima (récord de temperatura). La reducción, pasado un siglo, para el cálculo con 70 años (25 estaciones), es de 5 días, que sobre los 119 días de mayores temperaturas supone una concentración del calor del 5 %.

Para confirmar estos resultados podríamos analizar la evolución de la temperatura máxima en cada año (o la precipitación), pero sería recargar el documento más de lo que ya lo está, que no es poco.

7.

Qué estamos viendo las últimas generaciones

Hasta ahora nos hemos esforzado en utilizar los periodos de cálculo más largos posibles, aunque haya sido a costa del número de estaciones, porque confiamos en que las variaciones en la temperatura y las precipitaciones responden a causas globales y, por tanto, con efectos similares en todas las estaciones.

Ahora, sin renunciar a que los cálculos deben hacerse con el periodo de tiempo más largo posible, vamos a ver los resultados con periodos cortos, que sería la experiencia de las generaciones actuales. En las tablas 41 y 42 se muestran los resultados con las estaciones que tienen 10, 20 y 30 años de datos, para temperatura y precipitaciones, respectivamente.

años	estaciones	media	T2	RL	TS	media 5 años
10	115	16,1	0,0530	0,2087	0,2207	0,3458
20	78	16,1	0,0669	0,0945	0,0952	0,1375
30	72	16,2	0,0294	0,0475	0,0466	0,1050

Tabla 41. Resumen del incremento de temperatura obtenido para los conjuntos de estaciones que tienen datos para 10, 20 y 30 años, todos los incrementos están en ºC.

años	estaciones	media	T2	RL	TS	media 5 años
10	98	550,8	1,367	-4,500	0,0000	-9,218
20	75	547,1	-1,825	-2,275	0,0000	-4,984
30	68	517,8	-0,911	-1,857	0,0000	-3,556

Tabla 42. Resumen del descenso anual de precipitaciones obtenido para los conjuntos de estaciones que tienen datos para 10, 20 y 30 años, todos los descensos están en mm/m².

Para la experiencia más reciente (10 años) los resultados son espectaculares:

- La temperatura puede ser, pasado un siglo, 21 °C más alta que hoy, y apuntando a 34 °C, cuando con análisis mediante periodos largos se obtiene un incremento de 3 °C, apuntando a 11 °C.
- Las precipitaciones anuales se reducirán, pasado un siglo, en 450 mm/m² (que es prácticamente dejar de llover), cuando con periodos largos de cálculo obtenemos 116 mm/m².

No cabe duda de que los cambios en la última década han sido muy importantes.

Lo primero que debemos preguntarnos es si las nuevas estaciones, que no hemos utilizado antes por no tener datos en periodos largos de tiempo, son las responsables de estos cambios. En la tabla 43, se muestran los resultados de la temperatura, analizando solo los últimos 10 años de todos los grupos de estaciones hasta ahora analizados.

estaciones	media	T2	RL	TS	media 5 años
1	16,8	0,1163	0,2702	0,2721	0,4765
3	17,7	0,0872	0,1958	0,2013	0,3308
13	16,3	0,0591	0,2036	0,2131	0,3464
25	16,0	0,0575	0,2178	0,2299	0,3366
36	15,7	0,0498	0,2075	0,2201	0,3246
49	16,5	0,0447	0,2002	0,2117	0,3285
62	16,6	0,0439	0,1978	0,2091	0,3270
72	16,6	0,0467	0,2033	0,2150	0,3314
78	16,5	0,0458	0,1990	0,2109	0,3341
115	16,1	0,0530	0,2087	0,2207	0,3458

Tabla 43. Resumen del incremento de temperatura en los últimos 10 años, obtenido para todos los conjuntos de estaciones considerados en este trabajo, todas las cifras son medias anuales en ºC.

Todos los grupos muestran un incremento en torno a los 20 ºC, confirmando que este excepcional incremento lo han registrado todas las estaciones.

Una vez más se ve la necesidad de ir a periodos largos, aunque el número de estaciones se reduzca.

La segunda pregunta es si esto ha ocurrido en el pasado, en la figura 47 (a y b) se muestran los resultados para sucesivos periodos de 10 años comenzando en el año 1927, en el 1928, en el 1929 y así sucesivamente, para terminar 10 años más tarde del comienzo. Cada punto del gráfico, correspondiente a un año en abscisas, es el valor de la tendencia en el periodo de 10 años que termina en ese año, incluido él mismo. Obviamente, cuanto menor es el año de inicio, menos son las estaciones para las que tenemos datos, como hemos repetido muchas veces.

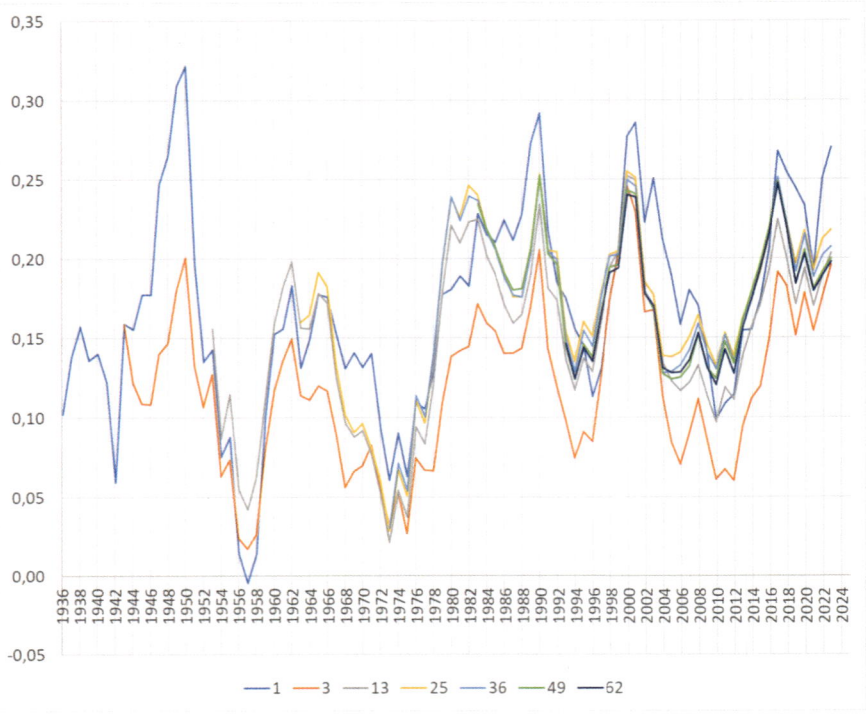

Figura 47a. Cálculo de la variación anual de la temperatura en periodos de 10 años para los distintos grupos de estaciones considerado en este trabajo. Para cada valor de x (año) se representa el valor obtenido para el periodo que empieza 10 años antes.

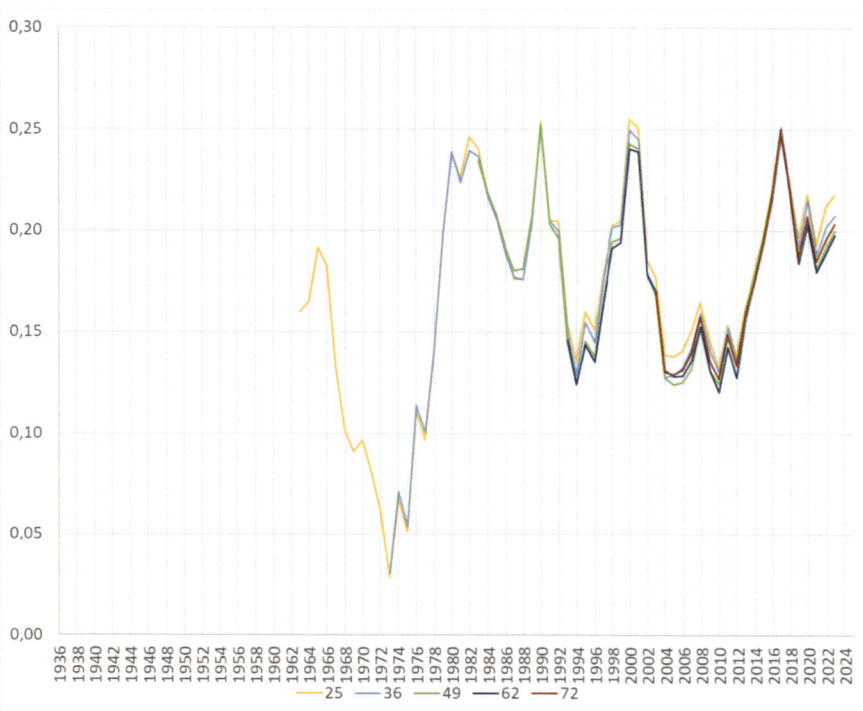

Figura 47b. Cálculo de la variación anual de la temperatura en periodos de 10 años para los distintos grupos de estaciones considerado en este trabajo. Con respecto a la figura 47a se incluye el grupo de 72 estaciones, pero no los grupos de 1, 3 y 13 estaciones, para dar claridad al gráfico.

Han sido muchos los periodos de 10 años en el pasado, que mostraban una tendencia creciente de la temperatura por encima de 20 ºC en un siglo (0,20 al año, en el gráfico), por ejemplo: la curva correspondiente a 62 estaciones (color negro) muestra un pico en el año 2017 con un valor de 0,25 ºC al año, que es valor del incremento anual que se obtiene de considerar el periodo de 10 años que va desde el año 2007 al 2017, ambos inclusive. Si el cálculo se hubiese hecho en el 2010, el valor obtenido habría sido 0,12 ºC al año. Para 25 estaciones (curva amarilla) tenemos una perspectiva mayor porque podemos remontarnos más atrás en el tiempo, en el año 2000 el incremento de temperatura medio anual que resulta de considerar los

10 años anteriores era de 0,26 °C, pero en el año 1973 el cálculo con los 10 años anteriores conduce a solo 0,03 °C.

El sentido común puede despistarse a la vista de las figuras 47a y 47b. ¿Cómo es posible que la tendencia calculada con periodos de tiempo largos resulte del 3 % °C por siglo, si la tendencia en periodos de 10 años ha estado prácticamente siempre por encima de 10 °C siglo (0,10 al año, en el gráfico)?

La respuesta es que el ajuste (recta) del total del periodo no es la suma ni el promedio de las rectas que se ajustan a los subperiodos del mismo y la pendiente del periodo total no es la suma ni el promedio de las pendientes de los subperiodos, veamos el ejemplo de la figura 47 c, se trata de un tramo de 28 puntos de la función seno, dividido en dos subtramos consecutivos de 14 puntos cada uno, si ajustamos una recta al tramo total y otra a cada uno de los dos subtramos se obtienen las rectas con las pendientes: 0,64; 0,91 y 0,38 respectivamente. La pendiente del tramo total no es la suma de las pendientes de los subtramos (ni la media), y eso que este caso es más sencillo porque la recta del segundo tramo arranca donde termina la del primero.

En la figura 10, donde calculamos pendientes para subperiodos de la estación Barcelona Fabra, se ve que las rectas de los subperiodos no empiezan donde termina la anterior, si consideramos las rectas como vectores, para sumarlas debemos desplazar la segunda hasta que se produzca la coincidencia de su principio con el final de la otra, y si queremos alcanzar el mismo punto que antes de desplazarla, debemos cambiar su pendiente.

Sean dos rectas paralelas, es decir, con la misma pendiente (por ejemplo, 10 %), una a continuación de la otra, ahora desplazamos la segunda para que se inicie donde termina la primera, a continuación, para que alcance el mismo punto al que llegaba antes de desplazarla, hay que girarla, en este caso, hasta que se quede plana (pendiente cero), y ahora sí podemos promediar: el incremento de Y es el mismo que tenían ambas rectas al principio (10 %), pero el incremento de X es el doble (una recta a continuación de la otra), por lo que la pendiente conjunta es la mitad (5 %). En resumen, la pendiente global es del 5 % a pesar de que la pendiente de los dos subtramos es del 10 % en cada uno de ellos.

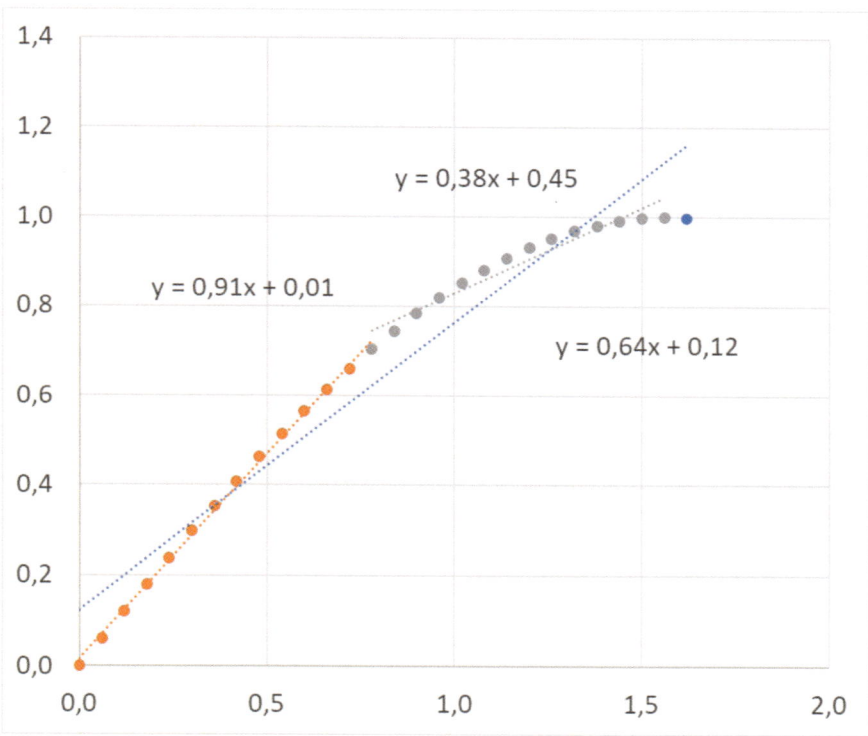

Figura 47c. Las rectas no se pueden promediar.

Conviene recordar que la tendencia no la calculamos viendo la temperatura al principio y al final del periodo, sino mediante una regresión lineal de la temperatura de los 3650 días del periodo de 10 años, de forma que, cuando decimos que la tendencia es de 0,25 ºC al año, no significa que la temperatura en el último año del periodo era 2,5 ºC más alta que en el primer año.

Estas variaciones aparentemente erráticas de la tendencia según el año en que se calcule y en función del número de años considerado, demuestran que se necesitan periodos de tiempo muy largos, mucho más que 10 años, para extraer conclusiones mínimamente válidas.

Si insisto en esto, es porque es habitual (al menos en los medios de comunicación) ratificar el calentamiento global viendo periodos de tiempo cortos: de 5 o 10 años y a veces de un año para otro.

Finalmente, si los cambios de tendencia son tantos y tan importantes, podríamos preguntarnos si las emisiones de CO_2, siempre crecientes desde hace muchos años, pueden ser las responsables del incremento de temperaturas, pero es un planteamiento incorrecto. Lo cierto es que no sabemos cuáles son los motivos de los cambios de tendencia (el fenómeno niño/niña puede ser uno de ellos), lo que sí hemos visto es que detrás de ellos subyace un crecimiento medio sostenido a largo plazo que se esconde como una aguja en un pajar, pero que es estadísticamente significativo, lo vemos con más detalle en el apartado siguiente.

8.

Causas

Cuando se habla de las causas del incremento de temperatura, normalmente, se va más allá del hecho físico en sí mismo y se busca un responsable. El hecho sería el incremento de la concentración de gases de efecto invernadero en la atmósfera y el responsable, las emisiones de estos gases realizadas por los seres humanos. Nosotros nos vamos a quedar en las causas físicas, o inmediatas, sin entrar en absoluto en el papel de las emisiones ni en el origen de estas.

Mediante procedimientos estadísticos se puede explicar una variable en función de otra u otras, pero no establecer una relación de causalidad, la existencia de una relación entre las variables es una condición necesaria pero no suficiente, puede ocurrir que si una variable explica a otra exista dicha relación de causalidad pero también puede ocurrir, y a menudo ocurre, que dos variables sean manifestaciones de una misma causa y una sea capaz de explicar a la otra sin que entre ellas exista una relación causa-efecto, esto es algo que a veces resulta muy útil, por ejemplo para estimar temperaturas en tiempos donde no se registraban a través de cosas como la separación de los anillos de los árboles o la composición de los sedimentos (los llamados «proxy» —apoderados—).

Para determinar las causas del incremento de temperatura se han construido multitud de modelos en los que se establecen las ecuaciones de equilibrio entre la energía que recibe la Tierra, la que refleja, la que llega a la superficie, la parte de esta que se transforma en radiación infrarroja y cuanta y por quien es absorbida en la atmósfera, que tienen en cuenta multitud de cuestiones de carácter físico.

Nuestro objetivo es mucho más modesto, vamos a dar un paso más en nuestro análisis estadístico de los datos sobre temperatura, viendo si existe una relación entre las concentraciones de dióxido de carbono (CO_2) y de metano (CH_4), en la atmósfera, con la temperatura. Usando términos estadísticos, diremos que vamos a ver hasta qué punto las concentraciones de estos dos gases (variables independientes) explican la temperatura (variable dependiente), lo que es una condición necesaria para que exista una relación de causalidad.

Ya hemos visto que la temperatura tiene un comportamiento errático de una magnitud del orden de 50 veces la tendencia de la variación sistemática de la temperatura, por lo que no parece la mejor opción comparar la concentración de CO_2, o CH_4, directamente con la temperatura, lo que haremos es compararla con la temperatura «subyacente», que sería la que se tendría sin las variaciones aleatorias de la temperatura que realmente se ha observado en cada año. Esta temperatura subyacente es la que se obtiene de la regresión lineal, o mejor aún, de la regresión de grado dos que hemos realizado anteriormente.

Empezaremos con la concentración del CO_2 en la atmósfera y usaremos las medidas de la estación de Izaña, disponibles desde el año 1988 y que son prácticamente las mismas que la de Mauna Loa (EE.UU.) que es la estación de referencia a nivel mundial (figura 48).

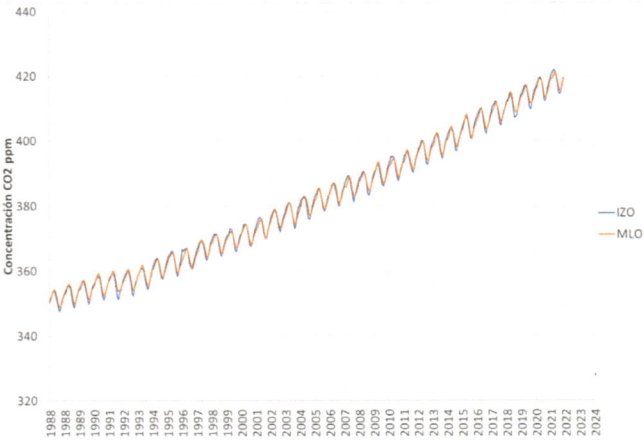

Figura 48. Concentración de CO2 en ppm, medida en las estaciones de Mauna Loa (EE.UU.) e Izaña (España).

Lo único que tenemos que hacer es plantear que la temperatura es una función lineal de la concentración de CO2 y obtener los coeficientes mediante regresión lineal. Para evitar la estacionalidad (dentro del año) que presentan los datos de CO2 y que nuestra fórmula de la temperatura subyacente (regresión de grado dos) no tiene, ya que solo da un valor para cada año, hemos hecho la media de los datos de CO2 en cada año (figura 49).

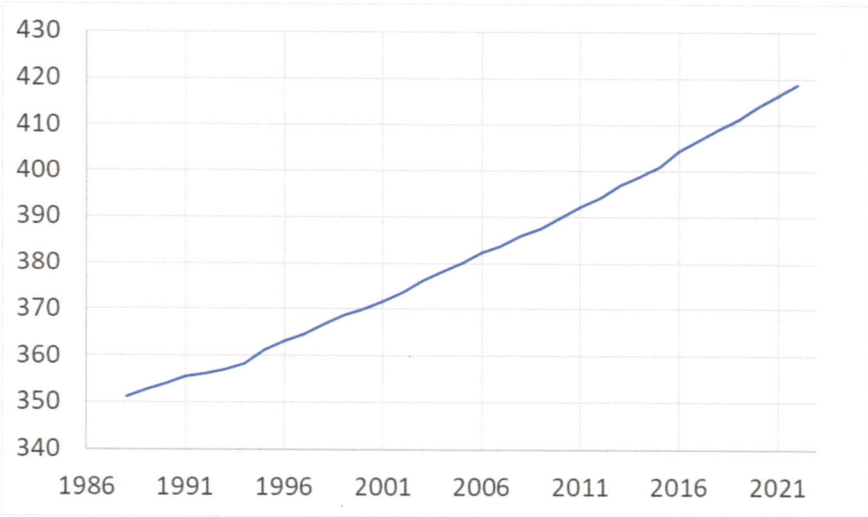

Figura 49. Medias anuales de la concentración de CO2 (ppm) medidas en la estación de Izaña.

Los resultados del ajuste entre la temperatura que resulta de la regresión de grados dos obtenida con las estaciones con datos para 70 años y la concentración de CO2 se muestran en la tabla 44 y la figura 50. El cálculo se ha realizado con la función de análisis de datos que incorpora la hoja de cálculo Excel de Microsoft y ofrece mucha información de tipo estadístico. Lo más importante son los coeficientes de la regresión junto al coeficiente de correlación R^2, este último mide la bondad del ajuste, cuanto más se acerca a 1, mejor es el ajuste, un valor de 1 significaría que las variaciones de la concentración de CO2 (la variable independiente) explican al 100 % la variación de la temperatura. Otras magnitudes importantes son la probabilidad de que el coeficiente sea cero, lo que indicaría que no hay relación entre las variables independiente y dependiente, así como el rango de variación de los coeficientes, siempre hay una incertidumbre en el valor exacto del coeficiente y lo normal es decir entre qué valores mínimo y máximo es probable que se encuentre, estos valores mínimo y máximo dependen del grado de seguridad que queramos, cuanto mayor sea la seguridad, más amplio será el rango, en la tabla 44 podemos ver cuál es el rango de variación de los coeficientes, con una confianza del 95 % y del 99 %, y veremos que se trata de rangos muy estrechos, lo que nos da una gran confianza en el valor obtenido para los coeficientes.

Estadísticas de la regresión

Coeficiente de correlación múltiple	0,99971428
Coeficiente de determinación R^2	0,99942864
R^2 ajustado	0,999411132
Error típico	0,01230503
Observaciones	35

ANÁLISIS DE VARIANZA

	Grados de libertad	Suma de cuadrados	Promedio de los cuadrados	F	Valor crítico de F
Regresión	1	8,74016156	8,74016156	57723,68362	4,2516E-55
Residuos	33	0,00499665	0,00015141		
Total	34	8,74515821			

	Coeficientes	Error típico	Estadístico t	Probabilidad	Inferior 95%	Superior 95%	Inferior 99,0%	Superior 99,0%
Intercepción	6,15702017	0,03900293	157,860435	4,3918E-49	6,0776681	6,23637223	6,05041436	6,26362598
CO2	0,02453005	0,0001021	240,257536	4,25161E-55	0,02432232	0,02473777	0,02425098	0,02480911

Tabla 44. Ajuste entre la temperatura que resulta de la regresión de grado dos obtenida con las estaciones con datos para 70 años y la concentración de CO2

De la tabla 44 hay que destacar que el coeficiente de correlación ajustado 0,99941 es muy alto, y que la capacidad de la concentración de CO2 para explicar la temperatura está fuera de toda duda, como muestra la probabilidad, prácticamente nula, de que el coeficiente que las relaciona sea cero. A su vez el error típico de los coeficientes es muy inferior al valor de estos, del orden de 100 o 200 veces menos, por lo que la confianza en los valores obtenidos es muy grande, incluso con un 99 % de confianza, los coeficientes están dentro de un intervalo muy pequeño.

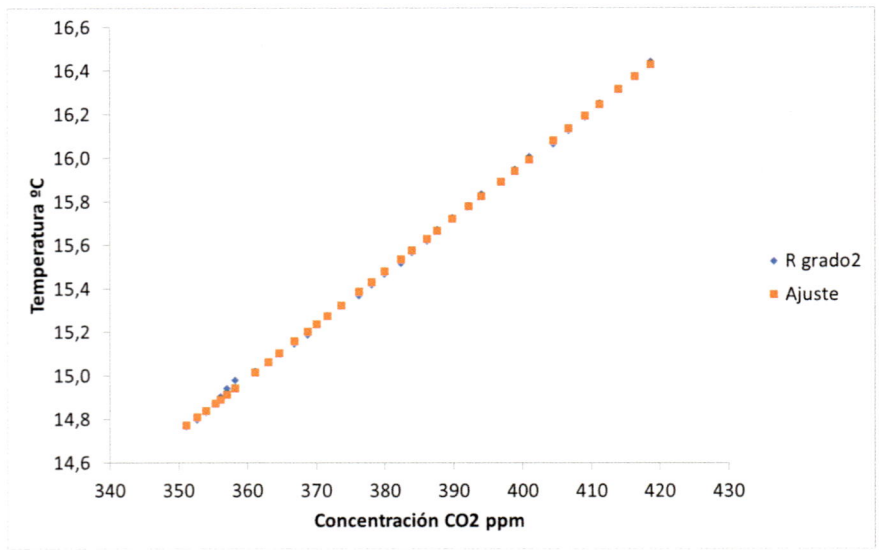

Figura 50. Ajuste entre la temperatura que resulta de la regresión de grados dos obtenida con las estaciones con datos para 70 años y la concentración de CO2.

La fórmula 4 muestra la relación entre temperatura y la concentración de CO2 de acuerdo con la tabla 44.

$$T = 6,157 + 0,0245 * CO2$$

Fórmula 4. Explicación de la temperatura (ºC) en función de la concentración de CO2 en ppm.

Si se duplica la concentración de CO_2 que hoy tenemos (420 ppm) la temperatura aumenta 0,0245 * 420 = 10,3 °C. Si en tiempos de Arrhenius la concentración de CO_2 era del orden de 300 ppm, duplicarla sube la temperatura 0,0245 * 300 = 7,4 °C, que es del orden de lo estimado por Arrhenius (5 °C).

Los valores de temperatura resultantes de la fórmula anterior coinciden de forma casi exacta con la temperatura que calcula la regresión de grado dos, en todos los años.

A menudo se dice que el efecto del CO_2 tiene que ir decayendo cuanto mayor sea la concentración de este, porque una vez que haya suficientes moléculas para absorber todos los fotones de radiación infrarroja (de la energía que es capaz de absorber el CO_2), nuevas moléculas no aportarían nada, sin embargo, nuestros resultados no muestran tal decaimiento, la fórmula 4 se ajusta igual de bien en todos los años del periodo 1988-2022, lo que indicaría que aún no hemos llegado a un nivel de saturación significativo.

La regresión lo único que nos dice es que la forma de la curva de CO_2 es la misma que la forma de nuestra regresión de grado dos, pero al menos podemos decir que se cumple la condición necesaria para que el CO_2 sea la causa del incremento de temperatura: puede explicarla. Pero si a esto le añadimos que el CO_2 es un gas de efecto invernadero, capaz de absorber radiación infrarroja, y que un aumento de la concentración de este en la atmósfera debe producir un aumento de la temperatura, el parecido, casi igualdad, en la forma que evolucionan temperatura y concentración de CO_2 es un indicador claro de relación causa-efecto.

Ahora vamos a probar a expresar la temperatura como una combinación lineal de las concentraciones de CO_2 y CH_4.

La concentración de CH_4 medida en Izaña se ve en la figura 51.

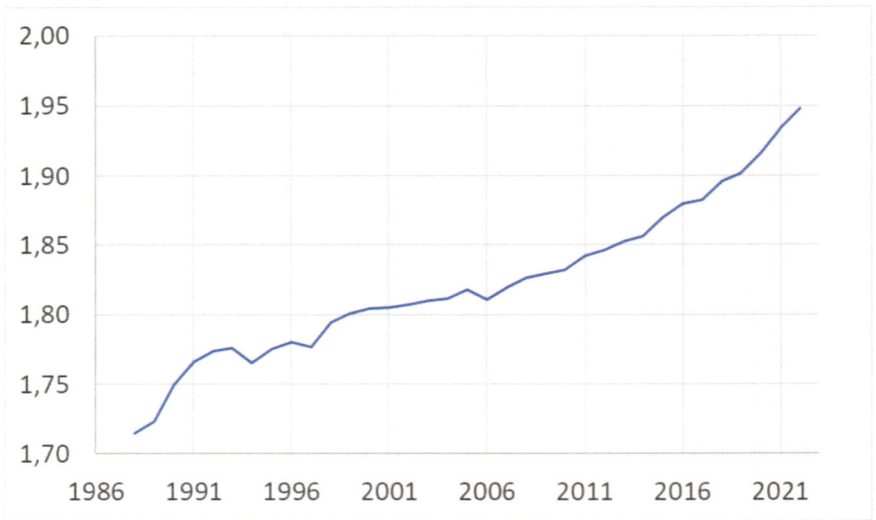

Figura 51. Medias anuales de la concentración de CH4 (ppm) medidas en la estación de Izaña.

Si efectuamos una regresión lineal con las concentraciones de CO_2 y CH4 como variables explicativas de la temperatura que resulta de nuestra regresión de grado dos, se obtiene el resultado de la tabla 45.

Estadísticas de la regresión

Coeficiente de correlación múltiple	0,99974173
Coeficiente de determinación R^2	0,99948353
R^2 ajustado	0,99945125
Error típico	0,0118046
Observaciones	35

ANÁLISIS DE VARIANZA

	Grados de libertad	Suma de cuadrados	Promedio de los cuadrados	F	Valor crítico de F
Regresión	2	8,74064156	4,37032078	30963,2722	2,5632E-53
Residuos	32	0,00451665	0,00014115		
Total	34	8,74515821			

	Coeficientes	Error típico	Estadístico t	Probabilidad	Inferior 95 %	Superior 95 %	Inferior 99,0 %	Superior 99,0 %
Intercepción	5,90549564	0,14149558	41,7362566	1,7749E-29	5,61727858	6,19371269	5,51801262	6,29297865
CO2	0,02370374	0,00045879	51,6657814	2,116E-32	0,02276922	0,02463827	0,02244735	0,02496013
CH4	0,31090913	0,16859468	1,84412187	0,07444145	-0,032507	0,65432525	-0,1507843	0,77260253

Tabla 45. Ajuste entre la temperatura que resulta de la regresión de grados dos obtenida con las estaciones con datos para 70 años, y las concentraciones de CO2 y CH4.

El coeficiente de correlación es bueno, agregar una nueva variable no puede empeorarlo, porque la regresión siempre puede asignarle un coeficiente cero, que es lo que prácticamente hace, ya que la concentración de CH4 es 200 veces menor que la de CO2 y el coeficiente (0,3109) es solo 14 veces superior al del CO2, es decir, el CH4 pesa 15 veces menos, además, hay una probabilidad del 7,4 % de que dicho coeficiente sea cero, es decir, de que la aportación del CH4 sea nula, el cero forma parte del intervalo dentro del cual se puede encontrar el coeficiente, tanto con un 95 % de confianza como con un 99 %, aunque el cero esté muy cerca del valor inferior del intervalo.

Por todo esto, los resultados para el término independiente y el coeficiente del CO2 apenas cambian respecto a la regresión solo con el CO2. Resumiendo, la fórmula 5 no es mejor que la anterior (fórmula 4).

$$T = 5,905 + 0,0237 * CO2 + 0,311 * CH4$$

Fórmula 5. Explicación de la temperatura (°C) en función de las concentraciones de CO2 y CH4 en ppm.

La evolución de la concentración de CH4 no se ajusta tan bien como la del CO2 a la forma de nuestra regresión de grado dos.

Que la forma en la que evoluciona la concentración de CH4 no se ajuste tan bien a la forma en que evoluciona la temperatura, no significa que el CH4 no tenga efecto sobre esta última, lo más probable es que esté apantallado por el buen ajuste con el CO2, de hecho, si consideramos la concentración de CH4 como la única variable explicativa, los resultados son los de la tabla 46 y figura 52.

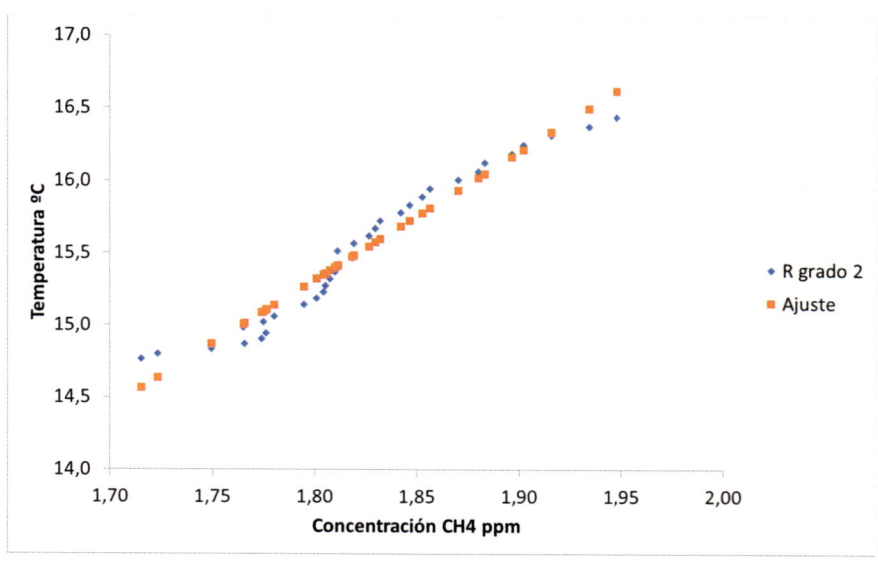

Figura 52. Ajuste entre la temperatura que resulta de la regresión de grados dos obtenida con las estaciones con datos para 70 años y la concentración de CH4.

Estadísticas de la regresión

Coeficiente de correlación múltiple	0,9779573
Coeficiente de determinación R^2	0,95640064
R^2 ajustado	0,95507945
Error típico	0,10748972
Observaciones	35

ANÁLISIS DE VARIANZA

	Grados de libertad	Suma de cuadrados	Promedio de los cuadrados	F	Valor crítico de F
Regresión	1	8,3638749	8,3638749	723,891821	5,0111E-24
Residuos	33	0,38128331	0,01155404		
Total	34	8,7451582			

	Coeficientes	Error típico	Estadístico t	Probabilidad	Inferior 95%	Superior 95%	Inferior 99,0%	Superior 99,0%
Intercepción	-0,5593154	0,5976970	-0,935784	0,35618239	-1,7753392	0,65670851	-2,1929869	1,07435613
CH4	8,81804586	0,32774458	26,9052378	5,0111E-24	8,1512445	9,48484722	7,92222925	9,71386246

Tabla 46. Ajuste entre la temperatura que resulta de la regresión de grados dos obtenida con las estaciones con datos para 70 años y la concentración de CH4.

El ajuste es peor que frente a la concentración de CO2, pero el coeficiente de correlación ajustado es aceptable (0,955) y la probabilidad de que el coeficiente de la concentración sea nulo es prácticamente cero (5,0111E-24). Para el término independiente (-0,5593154) hay algo más de incertidumbre, pero no es importante porque a la hora de calcular incrementos desaparece.

Conforme a la tabla 46, la relación de la concentración de CH4 con la temperatura la da la fórmula 6.

$$T = -0,559 + 8,82 * CH4$$

Fórmula 6. Explicación de la temperatura (ºC) en función de la concentración de CH4 en ppm.

Duplicar la concentración de CH4 produce un incremento de temperatura de 8,82 * 1,7 = 15,0 ºC.

El incremento de temperatura de nuestra regresión de grado dos en el periodo analizado (1988-2022) es de 1,7 ºC, a la vez que la concentración de CH4 se ha incrementado en 0,23 ppm, con la fórmula que acabamos de encontrar, obtendríamos un incremento de temperatura de 8,82 * 0,23 = 2,0 ºC.

En este periodo (1988-2022) la concentración de CO2 ha aumentado en 67,5 ppm que con su fórmula conduce a un incremento de 0,0245 * 67,5 = 1,6 ºC.

Obviamente no se pueden sumar los resultados de las dos fórmulas individuales, ya que cada una de las dos regresiones tratan de ajustar el incremento total de temperatura. Lo más que podemos decir es que el efecto de ambos está solapado sin saber cuánto se debe a cada uno de ellos.

La explicación utilizando las concentraciones de CO2 y CH4 simultáneamente no funciona, porque ambas concentraciones, aunque sean independientes, están muy correlacionadas (colinealidad) y cualquiera de ellas añade muy poca explicación a lo explicado por la otra, como la concentración de CO2 explica prácticamente el 100 % de la temperatura, añadir la del CH4, que se ajusta peor, no explica nada más. Como el efecto de colinealidad no se puede solucionar sin información adicional a los datos usados en la regresión, no podemos establecer una relación entre los efectos del CO2 y del CH4 en la temperatura, que es lo que se esperaría de una regresión multivariante de variables independientes y sin colinealidad. Desde el punto de vista matemático, cuando las variables son colineales no hay una solución única para los coeficientes de la regresión, en el extremo (correlación perfecta) no hay solución.

Para tratar los problemas con colinealidad, lo que se sugiere es prescindir de una de las variables colineales, pero existen herramientas que pueden mitigar el efecto de la colinealidad, como la regresión Ridge, o regresión contraída (Arthur Hoerl y Robert Kennard, 1970), que es una regresión lineal en la que se penaliza la magnitud de los coeficientes, trata de que estos sean los menores posibles sin comprometer en exceso la bondad del ajuste y, aunque un resultado obtenido de esta forma no me ofrece ninguna confianza, se muestra en la tabla 47.

R2	b	CO2	CH4
0,9994	7,462	0,02262	0,00021

Tabla 47. Resultado de la regresión Ridge para explicar la temperatura en función de las concentraciones de CO2 y CH4.

La participación del CH4 en la explicación de la temperatura desaparece, se suele decir que es mejor prescindir de información imprecisa (el CH4 explica peor la temperatura que el CO2) que considerarla. Nuestros esfuerzos por mantener el CH4 en la ecuación no han funcionado y, al final, de una forma o de otra, se prescinde del CH4, por lo que hay que aceptar que con los datos a nuestra disposición la estadística no puede ayudarnos a repartir el efecto en la temperatura entre estos dos gases de efecto invernadero.

A pesar de la casi perfecta correlación entre la concentración de CO2 y la temperatura hay que ser prudente, hasta ahora solo hemos podido establecer la relación en un periodo en el que ambos han crecido de forma continuada, sería necesario ver qué ocurre si la concentración de CO_2 desciende y, como no estamos utilizando los valores de la temperatura observados año a año, sino la que hemos llamado temperatura «subyacente», debería ser durante un periodo suficiente para que esta última se viese afectada, en cualquier caso, hasta ahora no ha ocurrido ni siquiera con la reducción de las emisiones durante la pandemia del COVID-19, en la figura 51 puede verse cómo la concentración de CO_2 en la atmósfera ha seguido creciendo, de momento, al mismo ritmo, pero la influencia de las emisiones por el hombre es algo que no hemos considerado en este trabajo de ninguna forma.

9.

Una mirada fuera de España

Aunque nos hemos circunscrito a las estaciones en España, podemos aplicar la misma metodología a cualquier estación del mundo.

9.1 La estación con más datos

La serie con datos diarios de temperatura que se remonta más atrás en el tiempo está disponible en Hadley Centre Central England Temperature (HadCET), nos referiremos a ella como la serie CET y corresponde, según sus propias palabras, a:

> Estas temperaturas diarias y mensuales son representativas de un área aproximadamente triangular del Reino Unido rodeada por Lancashire, Londres y Bristol. La serie mensual, que comienza en 1659, es el registro instrumental de temperatura más largo disponible en el mundo. La serie diaria de temperatura media comienza en 1772. Manley (1953, 1974) compiló la mayor parte de la serie mensual, que abarca de 1659 a 1973. Estos datos fueron actualizados hasta 1991 por Parker *et al.* (1992), quienes también calcularon la serie diaria. Ambas series ahora se mantienen actualizadas en la sección de Monitoreo de Datos Climáticos del Centro Hadley, Met Office. Desde 1974, los datos se han ajustado para tener en cuenta el calentamiento urbano: actualmente se aplica una corrección de -0,2 °C a las temperaturas medias.

Hasta ahora solo habíamos usado datos obtenidos por medidas directas de la temperatura y, como se acaba de decir, esta serie ha sufrido varias manipulaciones, pero vale la pena analizarla. Los datos de temperatura media anual se muestran en la figura 53.

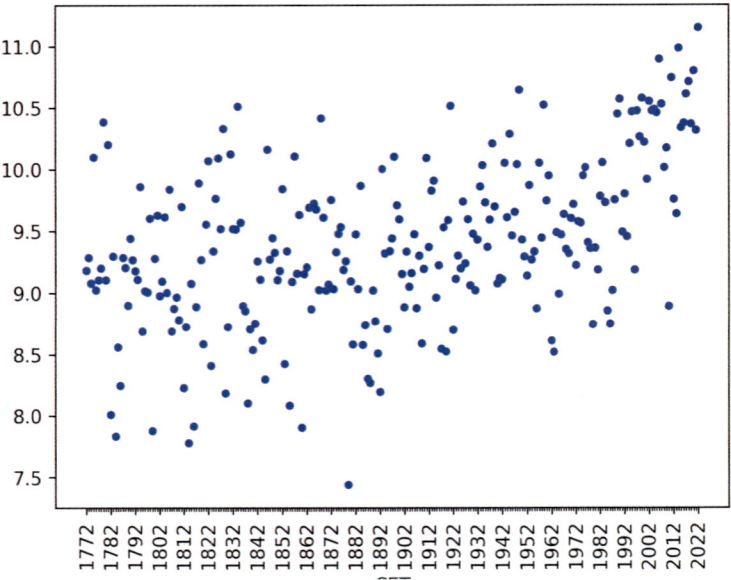

Figura 53. Datos de la temperatura media anual de la serie CET en ºC.

Si calculamos la tendencia de los 91 615 datos diarios de los 251 años de la serie, obtenemos los resultados de la tabla 48 y figura 54.

Datos	T. Media	T2	RL	TS	Yo	V	A	media 5 años
Anual	9,40	0,0044	0,0043	0,0041	9,249	-0,0051	0,00008	0,0136
Mensual	9,37	0,0043	0,0043	0,0043	9,220	-0,0051	0,00008	0,0136
Diario	9,40	0,0044	0,0044	0,0041	9,249	-0,0051	0,00008	0,0136

Tabla 48. Resultados de las regresiones de los datos diarios de la serie CET.

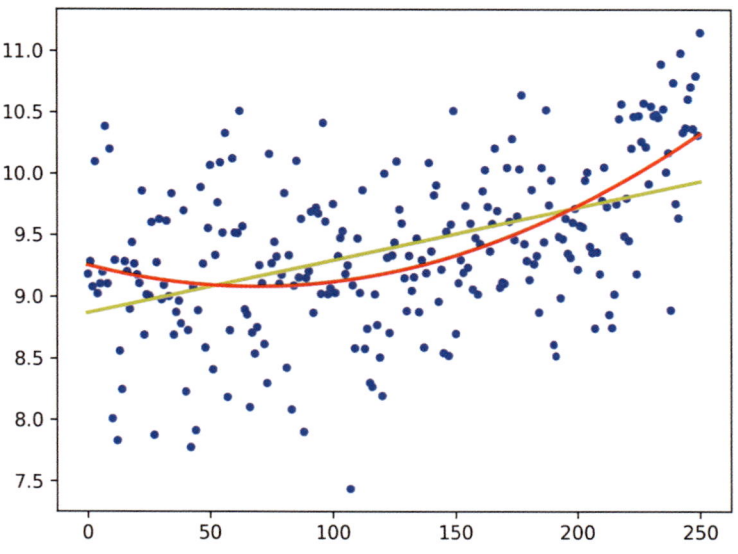

Figura 54. Resultados de las regresiones de los datos anuales de la serie CET.

Los resultados son prácticamente los mismos si se utilizan datos diarios, mensuales o anuales, y muestran un descenso de la temperatura de 0,004 ℃ al año (0,4 ℃ en un siglo), pero apunta a un incremento de 0,014 ℃ en el futuro (1,4 ℃ en un siglo). En la figura 54 puede verse que hay un cambio de tendencia, en los 150 primeros años la tendencia de la temperatura fue disminuir, y a partir de aquí la tendencia fue crecer. Si separamos dos periodos de tiempo: 1772-1922 y 1923-2023, los resultados son los de la tabla 49 y las figuras 55 y 56.

Periodo	T, Media	T2	RL	TS	Yo	V	A	media 5 años
1772-1922	9,16	0,0009	0,0010	0,0000	9,147	-0,0014	0,00003	0,0033
1923-2022	9,76	0,0100	0,0111	0,0109	9,590	-0,0119	0,00046	0,0329
1772-2022	9,40	0,0044	0,0044	0,0041	9,249	-0,0051	0,00008	0,0136

Tabla 49. Resultados de las regresiones de los datos anuales para la serie CET completa y en dividida en dos periodos de 151 y 100 años.

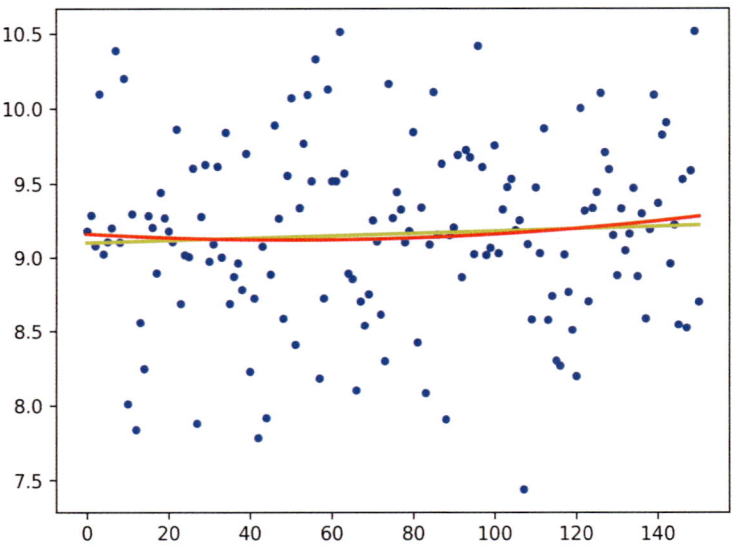

Figura 55. Resultados de las regresiones de los datos anuales para los primeros años, 1772-1922, de la serie CET.

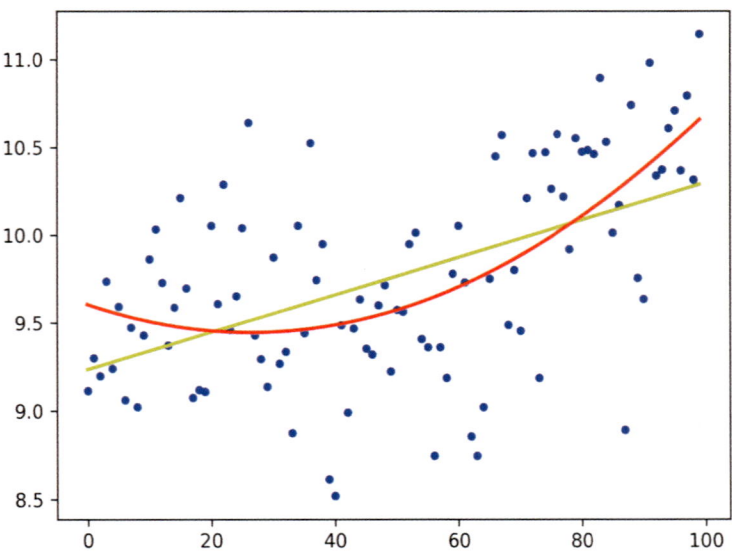

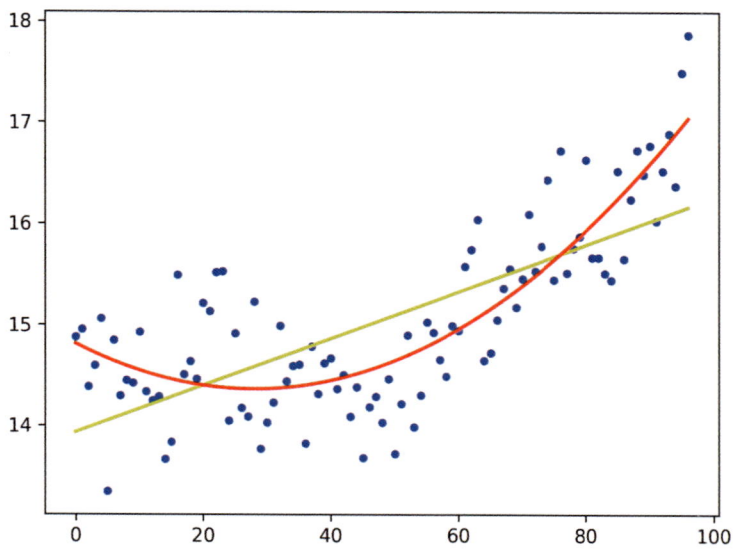

Figura 56. Resultados de las regresiones de los datos anuales para los últimos años, 1923-2022, de la serie CET (arriba) comparados con los resultados de nuestra estación de referencia Barcelona Fabra (abajo, ya vista como figura 11).

El segundo periodo de la serie CET (1923-2022, de 100 años) es similar al de la estación Barcelona Fabra, la única de las estaciones españolas con datos en un periodo similar (1927-2023, de 97 años). Eso sí, la tendencia de la temperatura en CET es un incremento de 0,011 ºC al año, inferior al 0,023 ºC de Barcelona Fabra.

Aunque se trate de una sola serie de datos de temperatura, lo que nos muestra es que hasta el año 1920 no había una tendencia clara en la evolución de la temperatura, pero posteriormente, en especial, a partir de 1935, se aprecia un incremento (figura 57), que además es acelerado y similar a lo que hemos visto en las estaciones españolas.

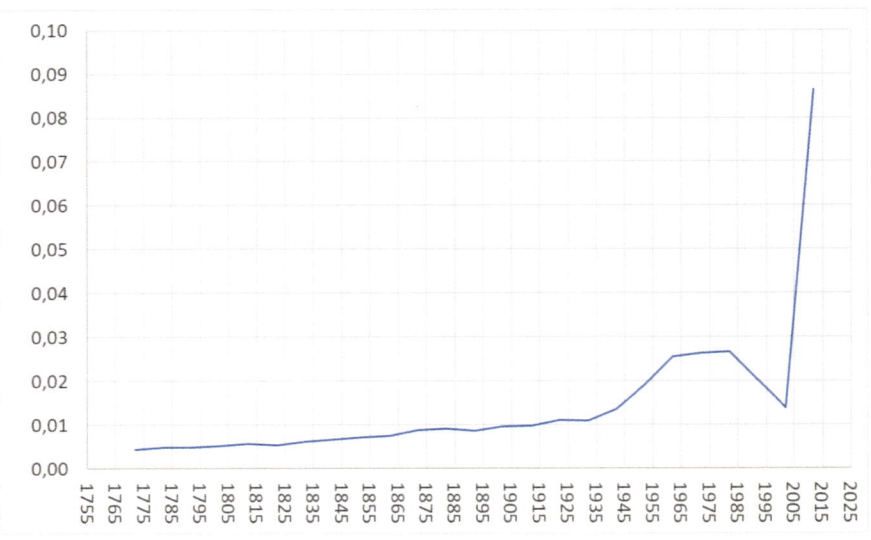

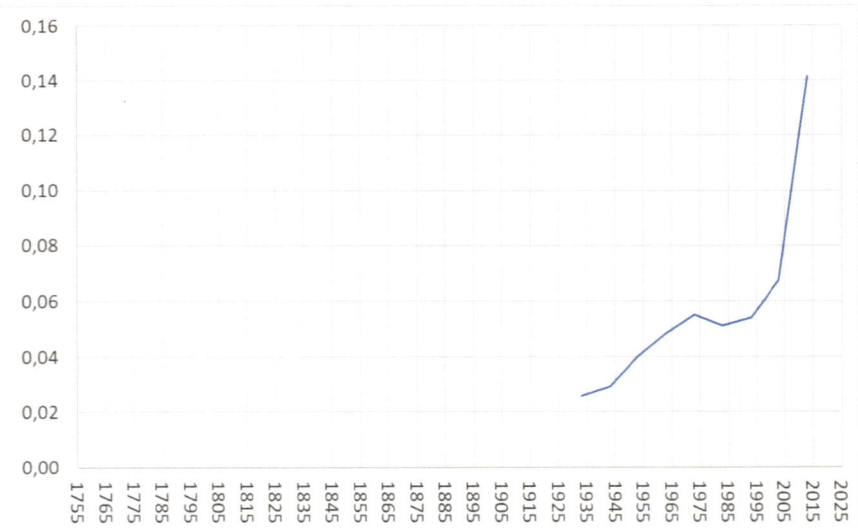

Figura 57. En el gráfico se representa la variación de temperatura según el periodo de cálculo que se utilice, todos los períodos terminan en el 2022, el año inicial lo marca el valor de X: para

*CET (la parte superior), el valor más a la izquierda es con 251 años,
ya que se empieza en el 1772 y el último valor (el de la derecha) son
los últimos 10 años (2012-2022). En la parte inferior se muestran
los resultados de Barcelona Fabra.*

9.2 Temperatura global (*Global temperature*)

Para obtener una visión global de la temperatura en la Tierra
y que sirva para contrastar los modelos climáticos se necesita un
promedio para todo el planeta, y se han construido varios conjuntos
de datos con este propósito, aunque los registros que los forman no
contienen temperaturas, en todos ellos se usa el concepto «anomalía»
(*anomaly*), este concepto surge de la necesidad de hacer promedios
entre los registros de todas las estaciones disponibles que miden la
temperatura, lo cual crea un problema de homogeneidad. Si la temperatura en una región se representa por la media aritmética de las
estaciones contenidas en la misma, el resultado puede quedar distorsionado, si la evolución de la temperatura en las estaciones no está
acompasada, se perderá toda la información sobre tendencias, cuando
nosotros agrupamos estaciones, tratamos de evitarlo agrupando aque-
llas que tienen una evolución similar medida mediante el coeficiente
de correlación de Pearson.

En los conjuntos de datos a nivel global se hace algo distinto: se
normalizan los datos de las estaciones. La normalización se enfoca
a preservar la forma de la evolución de la temperatura, aunque se
pierda el valor real de la temperatura, y se basa en el concepto anomalía, entendiendo por tal la diferencia entre un dato de temperatura
respecto a la media de las temperaturas en determinado periodo. Esto
es algo que recientemente se muestra en los espacios del tiempo en
los telediarios.

Se elige un periodo de referencia, como siempre, cuanto más largo,
mejor, pero en el que tengan datos las estaciones que se quieren
agrupar, se suele emplear el periodo 1851-2000 o el 1901-2000, pero
no es relevante porque es solo una referencia, y lo que importa es la

variación respecto a ella. Después, a todos los datos de temperatura se les resta este valor de referencia, teniendo en cuenta que cada estación tiene su propio valor de referencia (su valor medio en el periodo elegido) y, de esta forma, se homogenizan las distintas estaciones, por ejemplo: si todas las estaciones midieran siempre una misma temperatura, aunque fuera distinta en cada una de ellas, las anomalías de todas serían cero. Los valores que encontraremos estarán comprendidos entre, más menos, unos pocos grados centígrados.

Hay que señalar que esta normalización no es un cambio de escala, como se suele entender la normalización en estadística (fórmula 7), las anomalías son la desviación en términos absolutos, en ºC (una traslación). Una normalización estadística tiene el problema de que los resultados también estarían normalizados y habría que volver a transformarlos en temperaturas, lo cual no es obvio, porque cada estación se ha normalizado con valores distintos.

$$V = (V - Vmin) / (Vmax - Vmin)$$
Fórmula 7. Normalización habitual a valores entre 0 y 1

Para hacer estos cálculos se superpone una retícula sobre la superficie del planeta y se realizan los cálculos con los datos disponibles en cada cuadrícula. Un tamaño típico de cuadrícula es 2 o 5 grados de latitud y longitud.

Además de estos principios generales, cada institución, que mantiene uno de estos conjuntos de datos, aplica sus propias reglas para llegar a los valores finales, aplicando diversos criterios estadísticos y métodos de interpolación y extrapolación para suplir las deficiencias de datos, no obstante, está constatado que, en lo que se refiere a cálculo de tendencias, producen resultados muy similares.

Se mantienen conjuntos para la parte terrestre del planeta y para la marítima y, obviamente, para el conjunto de ambas. En nuestra mirada al exterior, vamos a utilizar dos conjuntos de datos correspondiente a la parte terrestre, ambos abarcan el periodo 1850-2023:

- The Berkeley Earth Land Temperature Record. (The Berkeley Earth Land/Ocean Temperature Record (December 17, 2020):Rohde, R. A. and Hausfather, Z., Earth System Science Data, 2020).
- The Global Historical Climatology Network Monthly Temperature Dataset, Version 4 Matthew J. Menne, Claude N. Williams, Byron E. Gleason, J. Jared Rennie, and Jay H. Lawrimore.

En la figura 58 se muestran los valores anuales de temperatura global (*global temperature*) de esos dos conjuntos de datos.

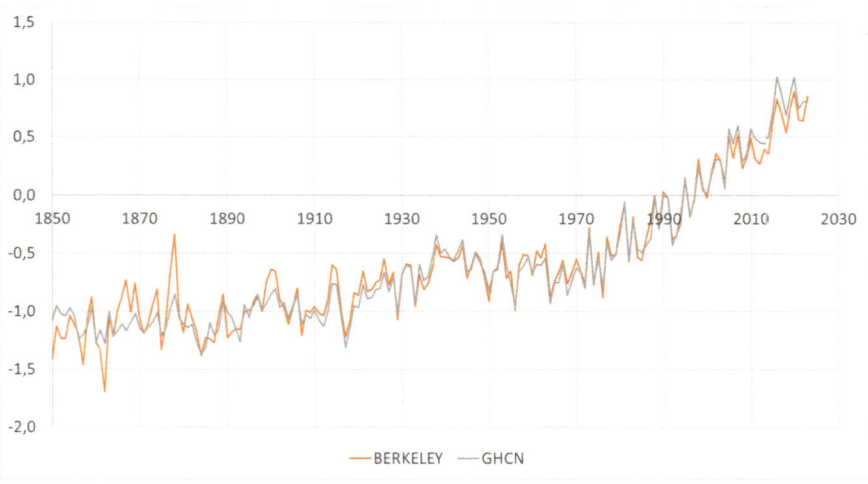

Figura 58. «Global temperatura» para los conjuntos BERKELEY y GHCN.

En la tabla 50 y figuras 59 y 60, se muestran los resultados de la tendencia de la temperatura calculada mediante regresiones lineal y de grado dos, como hemos hecho hasta ahora, utilizando los valores de temperatura global de estos dos conjuntos.

	T2	RL	TS	Yo	V	A	media 5 años
BERKELEY	0,0088	0,0094	0,0090	-1,0390	-0,0035	0,00015	0,0220
GHCN	0,0093	0,0098	0,0087	-1,0040	-0,0057	0,00018	0,0250

Tabla 50. Resultados de las regresiones de los lineal y de grado dos para los registros de los conjuntos de datos BERKELEY y GHCN.

Los resultados (tabla 50) son prácticamente los mismos para ambos conjuntos de datos: un incremento de temperatura de 0,01 ºC al año (1 ºC al siglo) y una aceleración de 0,0002 ºC/año^2.

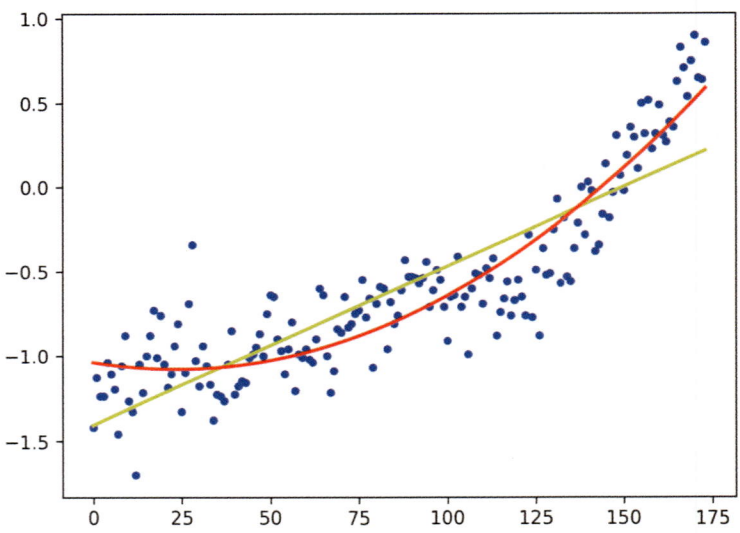

Figura 59. Resultados de las regresiones lineal y de grado dos de los datos del conjunto BERKELEY.

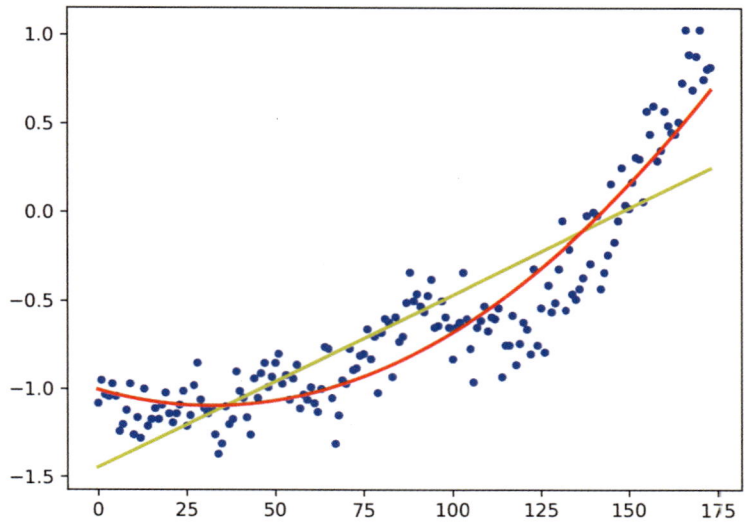

Figura 60. Resultados de las regresiones lineal y de grado dos de los datos del conjunto GHCN.

Para comparar con nuestra estación de referencia Barcelona Fabra nos quedamos con los últimos 100 años (1924-2023) y los resultados los vemos en la tabla 51 y figuras 61 y 62.

	T2	RL	TS	Yo	V	A	media 5 años
BERKELEY	0,0145	0,0148	0,0146	-0,6070	-0,0100	0,00050	0,0386
GHCN	0,0152	0,0156	0,0154	-0,5620	-0,0137	0,00059	0,0437

Tabla 51. Resultados de las regresiones de los lineal y de grado dos para los registros de los últimos 100 años (1924-2023) de los conjuntos de datos BERKELEY y GHCN.

Los resultados (tabla 51) son prácticamente los mismos para ambos conjuntos de datos: un incremento de la temperatura de 0,015 ºC al año (1,5 ºC al siglo) y una aceleración de 0,0005 ºC/año^2.

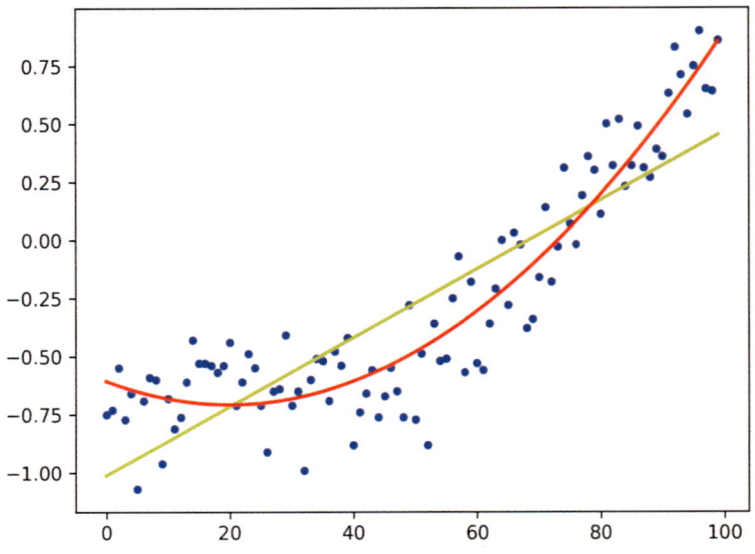

Figura 61. Resultados de las regresiones lineal y de grado dos, de los datos para los últimos 100 años, 1924-2023, del conjunto BERKELEY.

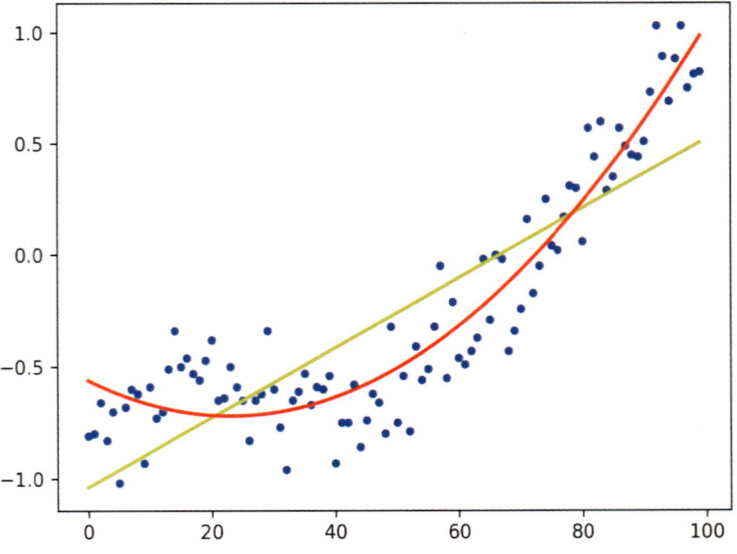

Figura 62. Resultados de las regresiones lineal y de grado dos, de los datos para los últimos 100 años, 1924-2023, del conjunto GHCN.

La pendiente de la regresión lineal de los últimos 100 años de los conjuntos BERKELEY y GHCN es de 0,015 ºC, similar al que encontramos para la serie CET, pero inferior que la calculada para Barcelona Fabra (0,023 ºC). La forma de las figuras 61 y 62 son similares a las de Barcelona Fabra, figura 11: tras un descenso en los primeros años se inicia una fase de crecimiento acelerado que se mantiene hasta hoy.

Para comparar con los datos dados por buenos para España, por la limitación de la antigüedad de los datos disponibles, tenemos que ver los resultados (tabla 52) con periodos de cálculo de 70 y 50 años, anteriores al actual (2023).

			BERKELEY				media
Años	T2	RL	TS	Yo	V	A	5 años
100	0,0145	0,0147	0,0144	1,402	-0,0455	0,00049	0,0381
70	0,0238	0,0226	0,0230	1,958	-0,0545	0,00056	0,0410
50	0,0294	0,0283	0,0286	-2,074	0,0004	0,00019	0,0327
			ESPAÑA				
70	0,0325	0,0323	0,0316	14,18	-0,0009	0,00095	0,0630
50	0,0342	0,0443	0,0443	14,42	0,0572	-0,00052	0,0327

Tabla 52. Resultados de las regresiones lineal y de grado dos para los registros de los últimos 100, 70 y 50 años (1924-2023) del conjunto de datos BERKELEY comparada con los obtenidos para las estaciones en España.

En España la temperatura crece más que a nivel global: 3,2 ºC, pasado un siglo, frente al 2,3 ºC de carácter global. Así mismo, la aceleración es superior: 0,0010 ºC/año^2, por 0,0006 ºC/año^2.

En la figura 63 no se aprecia que los resultados tiendan a «estabilizarse» por más que nos desplazamos a la izquierda (periodos más largos), por tanto, la pregunta: ¿cuántos años hay que considerar en el cálculo para obtener resultados confiables? no tiene respuesta. Esto es así, porque hace al menos dos siglos que estamos en un proceso monótono creciente, significativamente más acusado en el último de ellos.

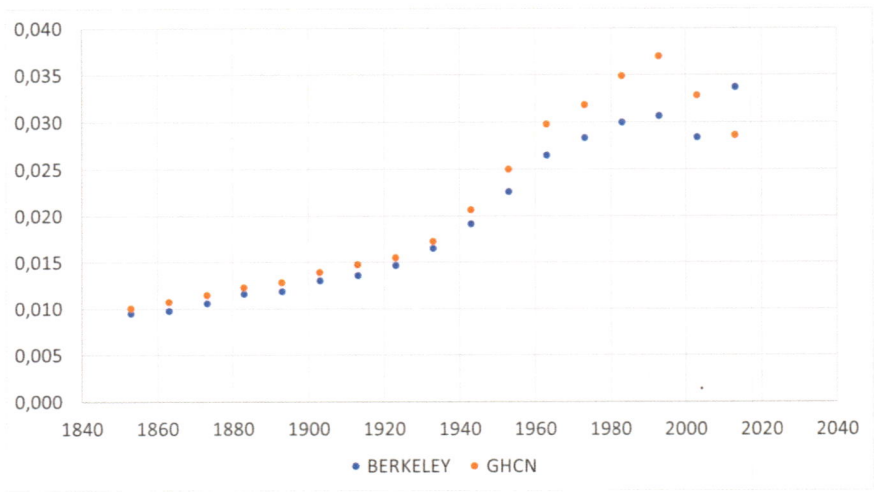

Figura 63. En el gráfico representa la variación de temperatura según el periodo de cálculo que se utilice, todos los períodos terminan en el 2023, el año inicial lo marca el valor de X, para el punto más a la izquierda es el año 1853 y para el último punto (el de la derecha) es el 2013. Se trata de periodos de cálculo que se van acortando según se avanza en el eje X.

Anexo I

Resultado gráfico por zonas de la variación de la temperatura, para distintos periodos de cálculo, con las agrupaciones por similitud y por longitud geográfica, la legenda muestra, entre corchetes, la tasa de variación anual de la temperatura en ºC/año.

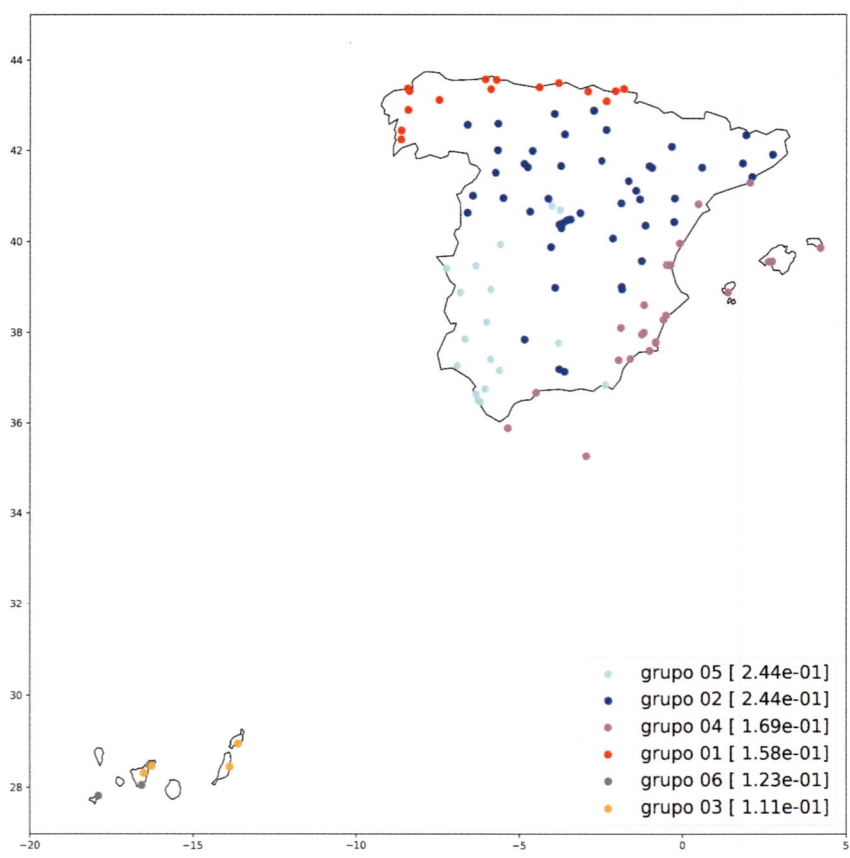

Figura I.1 Para las estaciones con datos en 10 años. Agrupación por evolución similar.

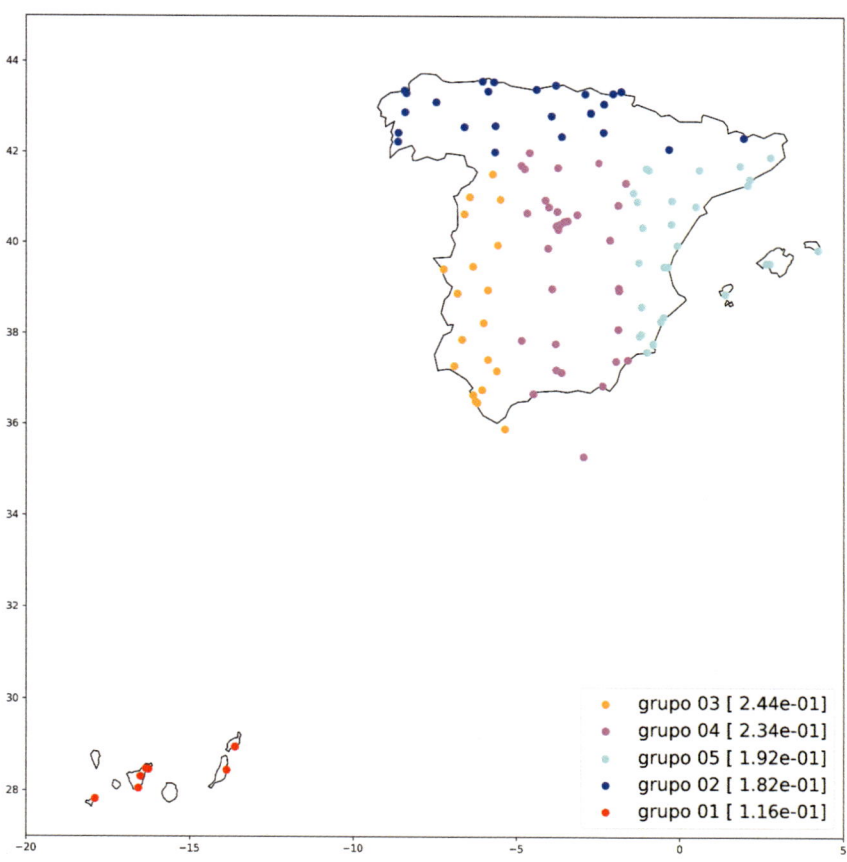

Figura I.2 Para las estaciones con datos en 10 años. Agrupación por longitud geográfica.

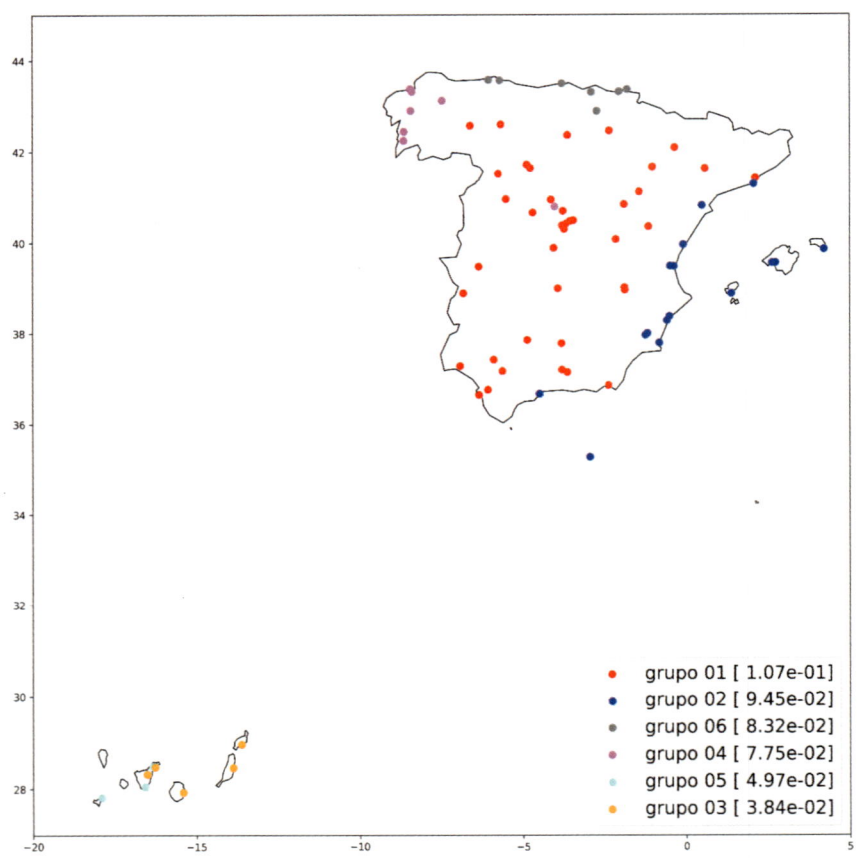

Figura I.3 Para las estaciones con datos en 20 años. Agrupación por evolución similar.

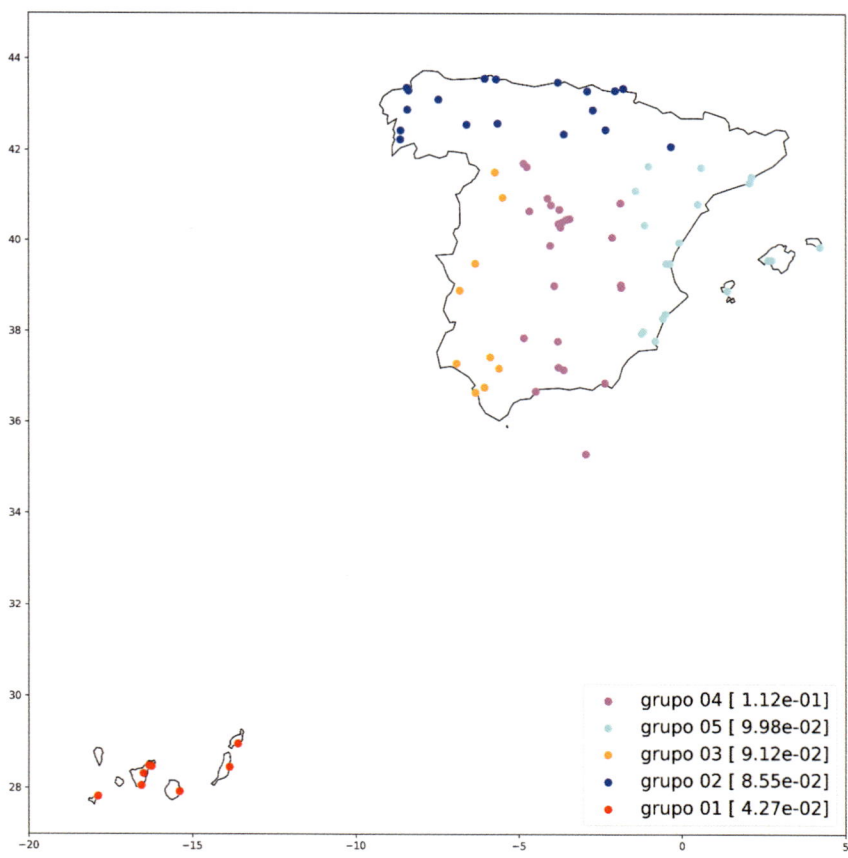

Figura I.4 Para las estaciones con datos en 20 años. Agrupación por longitud geográfica.

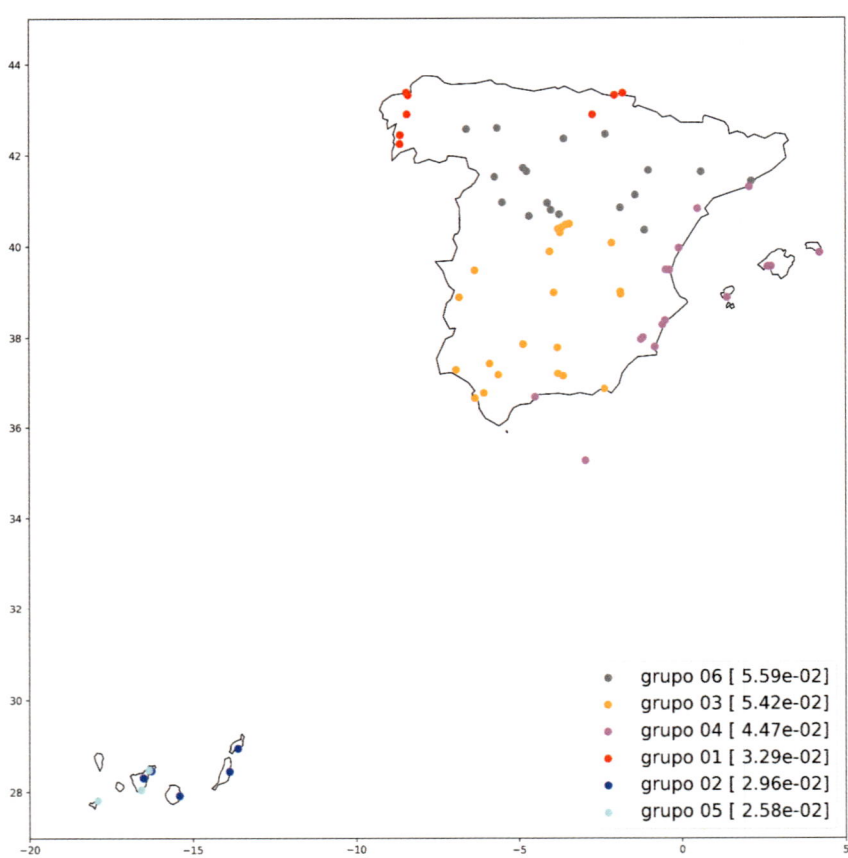

Figura I.5 Para las estaciones con datos en 30 años. Agrupación por evolución similar.

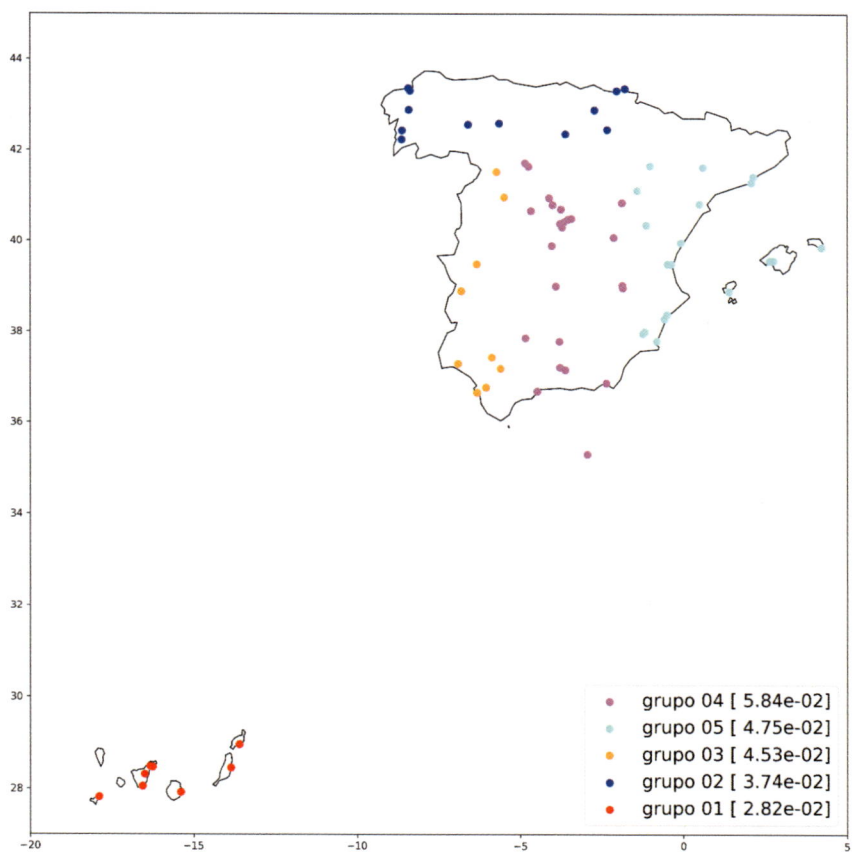

Figura I.6 Para las estaciones con datos en 30 años. Agrupación por longitud geográfica.

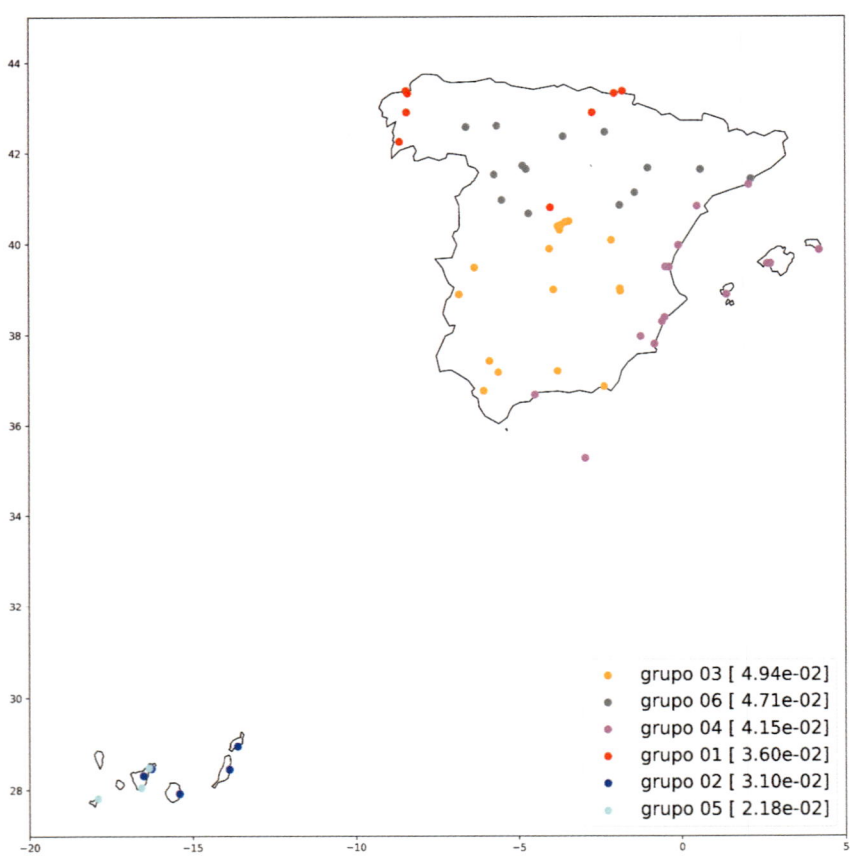

Figura I.7 Para las estaciones con datos en 40 años. Agrupación por evolución similar.

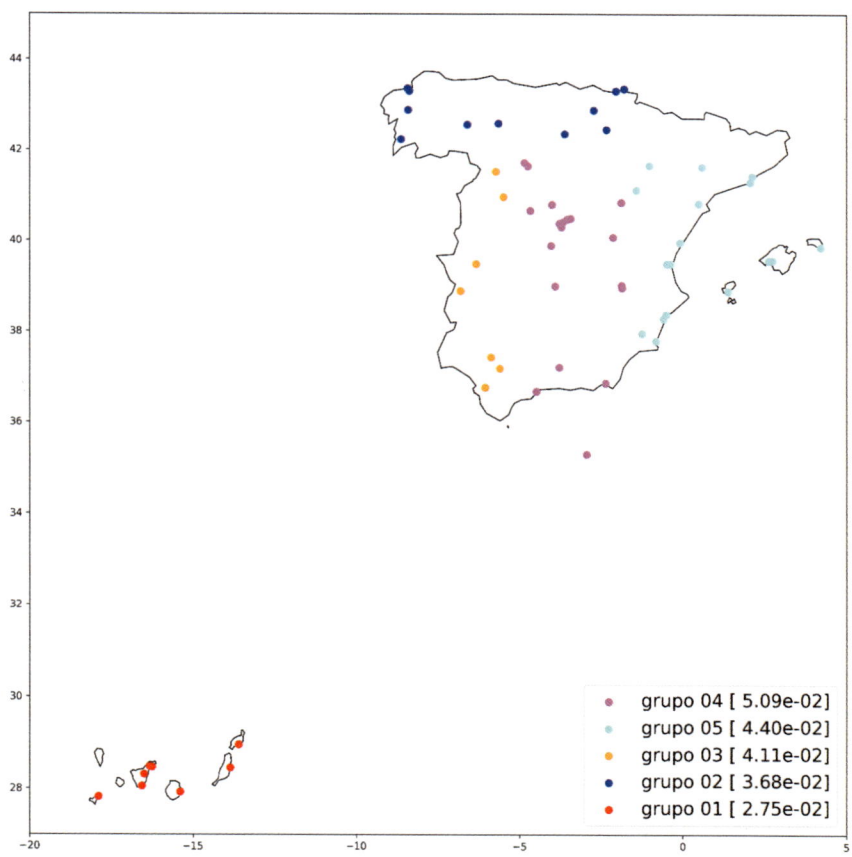

Figura I.8 Para las estaciones con datos en 40 años. Agrupación por longitud geográfica.

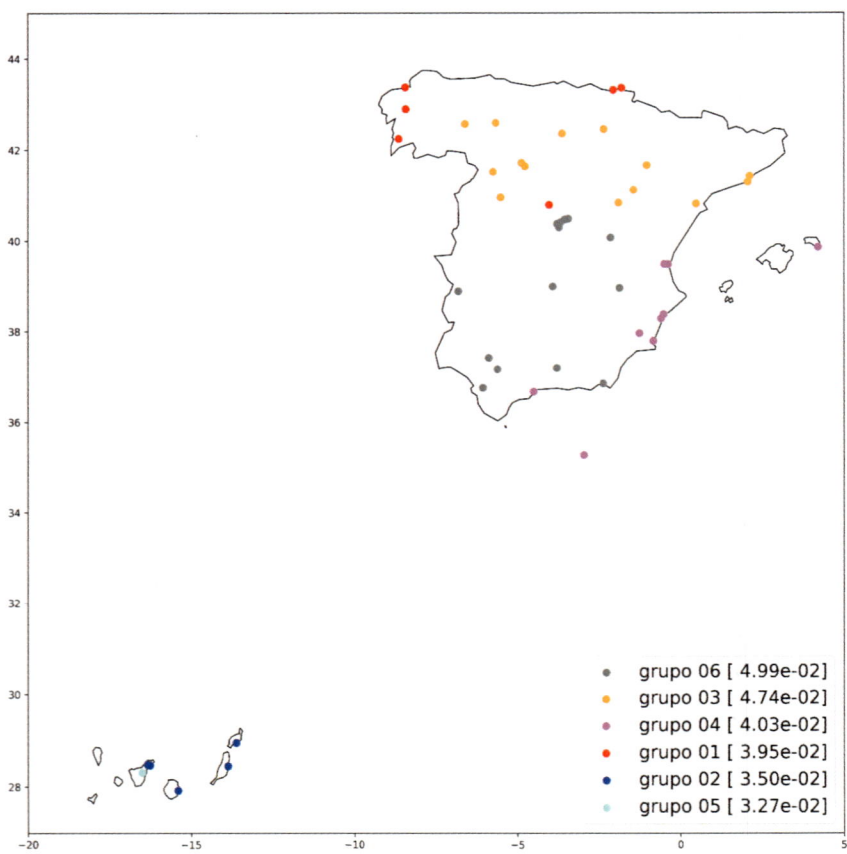

Figura I.9 Para las estaciones con datos en 50 años. Agrupación por evolución similar.

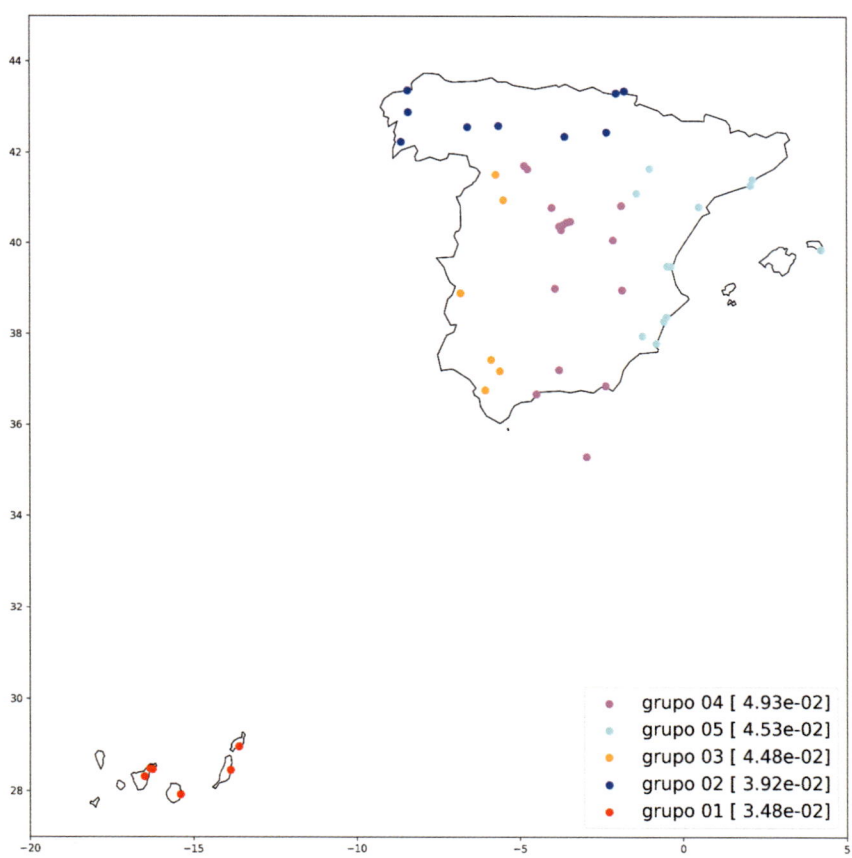

Figura I.10 Para las estaciones con datos en 50 años. Agrupación por longitud geográfica.

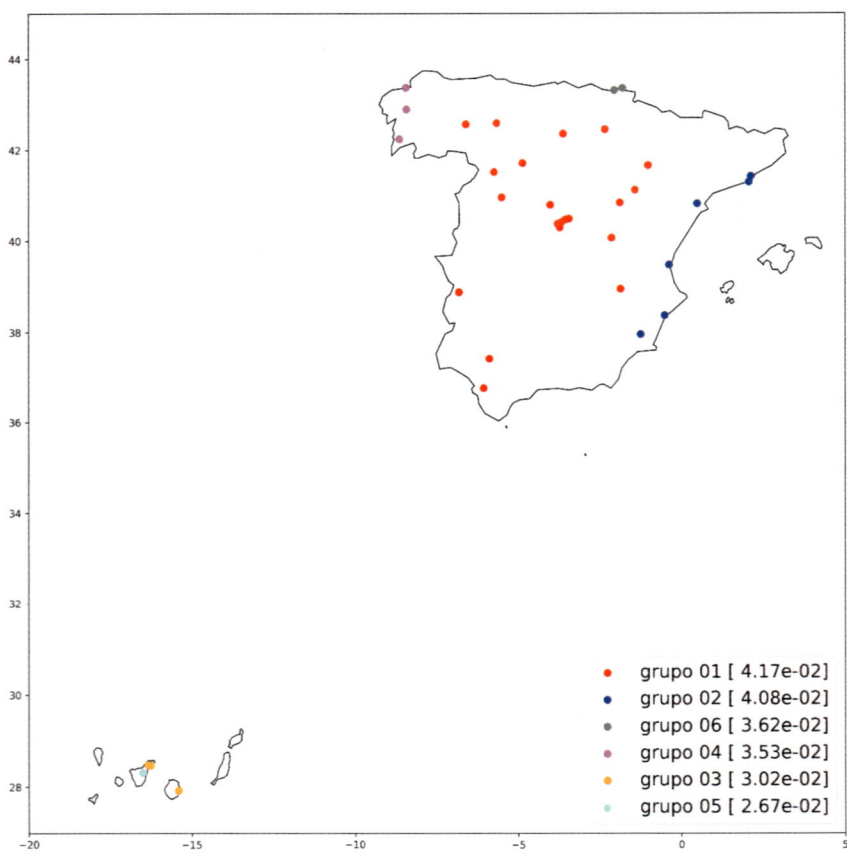

Figura I.11 Para las estaciones con datos en 60 años. Agrupación por evolución similar.

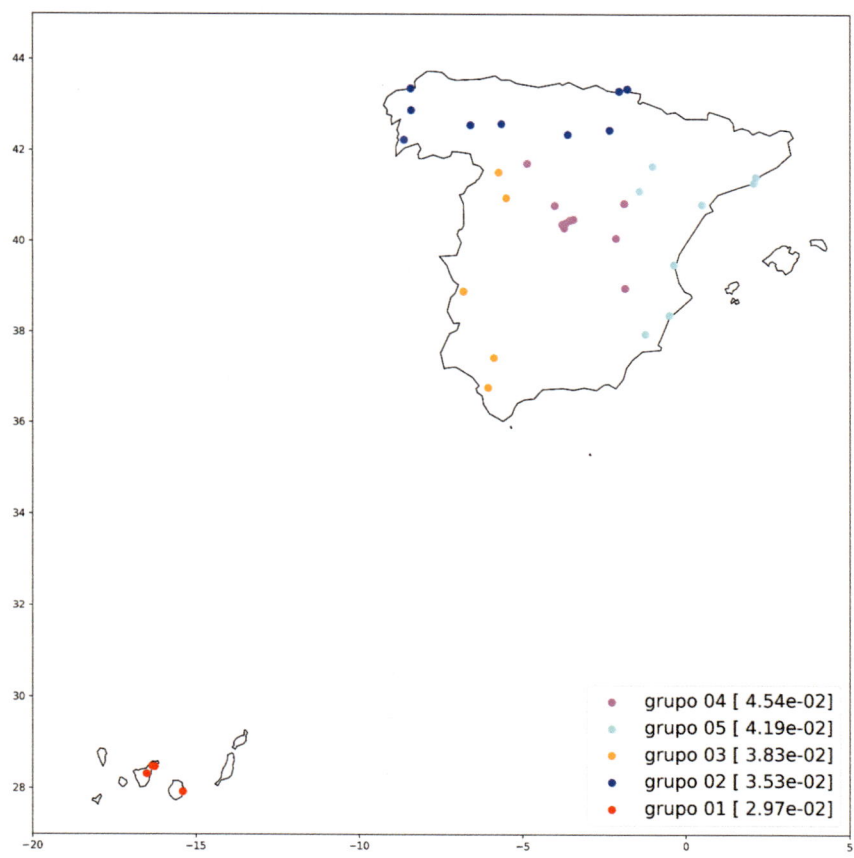

Figura I.12 *Para las estaciones con datos en 60 años. Agrupación por longitud geográfica.*

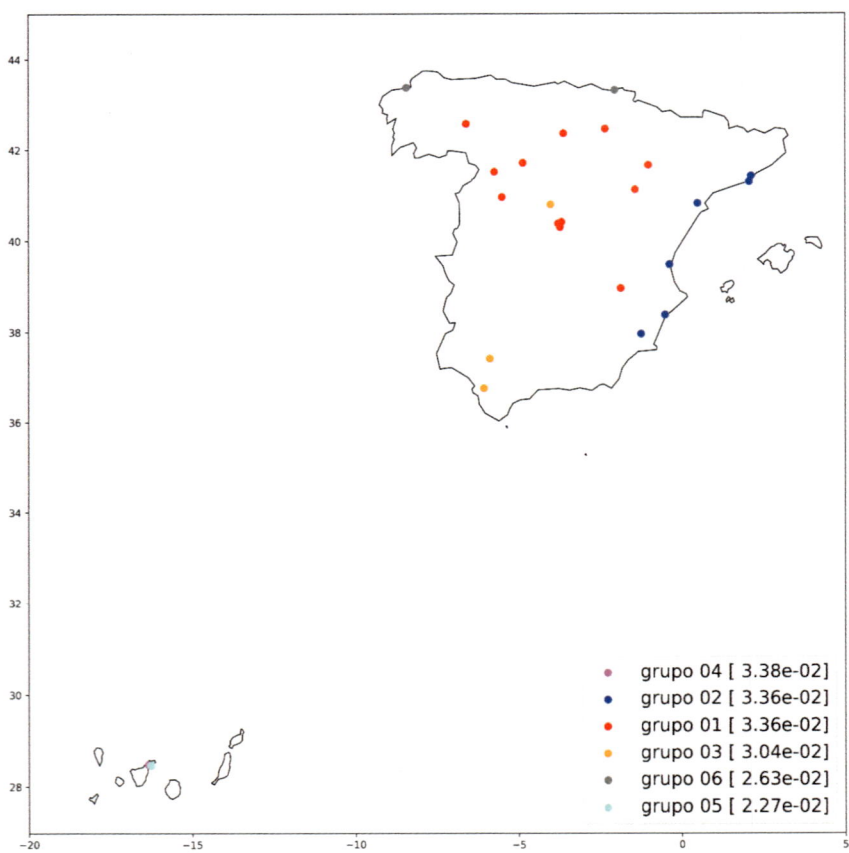

grupo 04 [3.38e-02]
grupo 02 [3.36e-02]
grupo 01 [3.36e-02]
grupo 03 [3.04e-02]
grupo 06 [2.63e-02]
grupo 05 [2.27e-02]

Figura I.13 Para las estaciones con datos en 70 años. Agrupación por evolución similar.

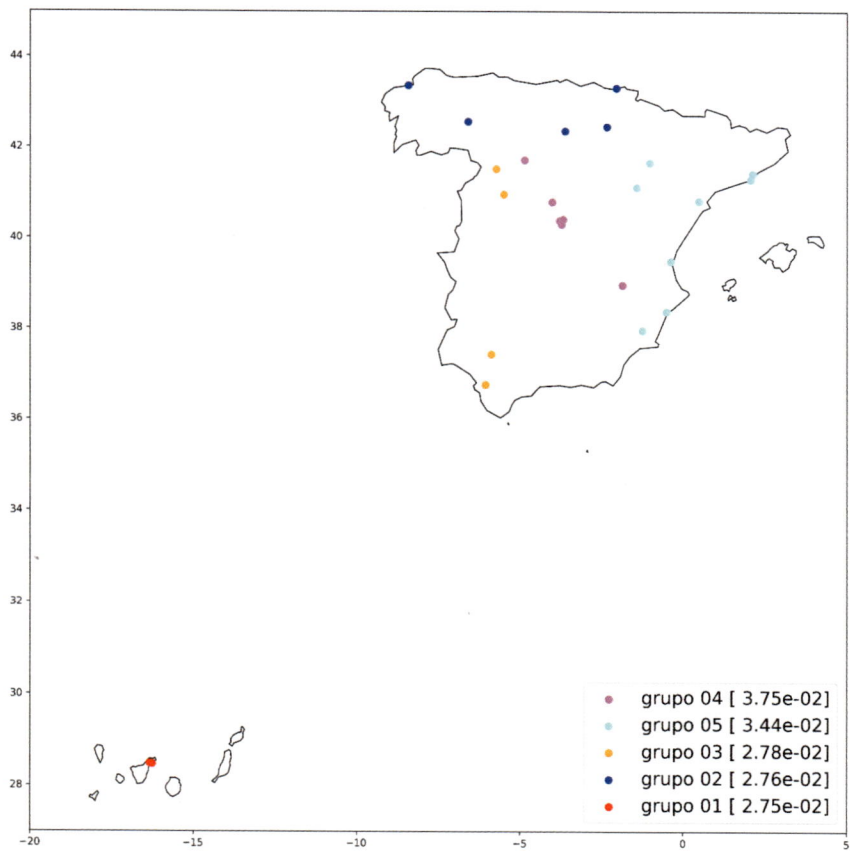

*Figura I.14 Para las estaciones con datos en 70 años. Agrupación
por longitud geográfica.*

Anexo II

Resultado gráfico por zonas de la variación de las precipitaciones, para distintos periodos de cálculo, con las agrupaciones por similitud y por longitud geográfica, la legenda muestra, entre corchetes, la tasa de variación anual de las precipitaciones en mm/m^2.

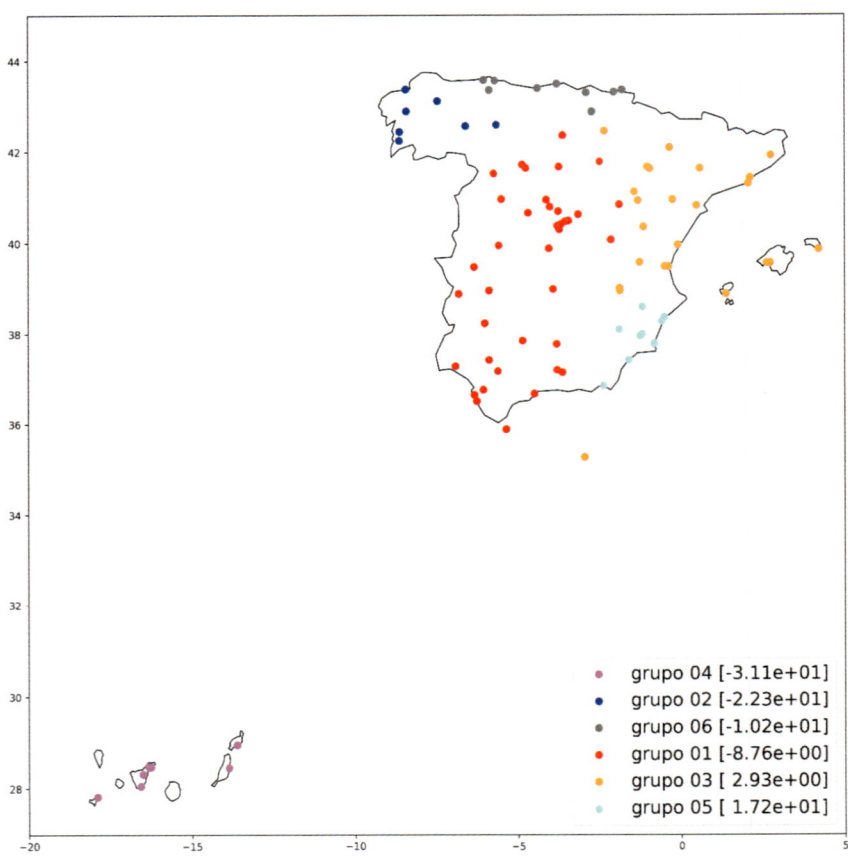

Figura II.1 Para un periodo de 10 años. Agrupación por evolución similar.

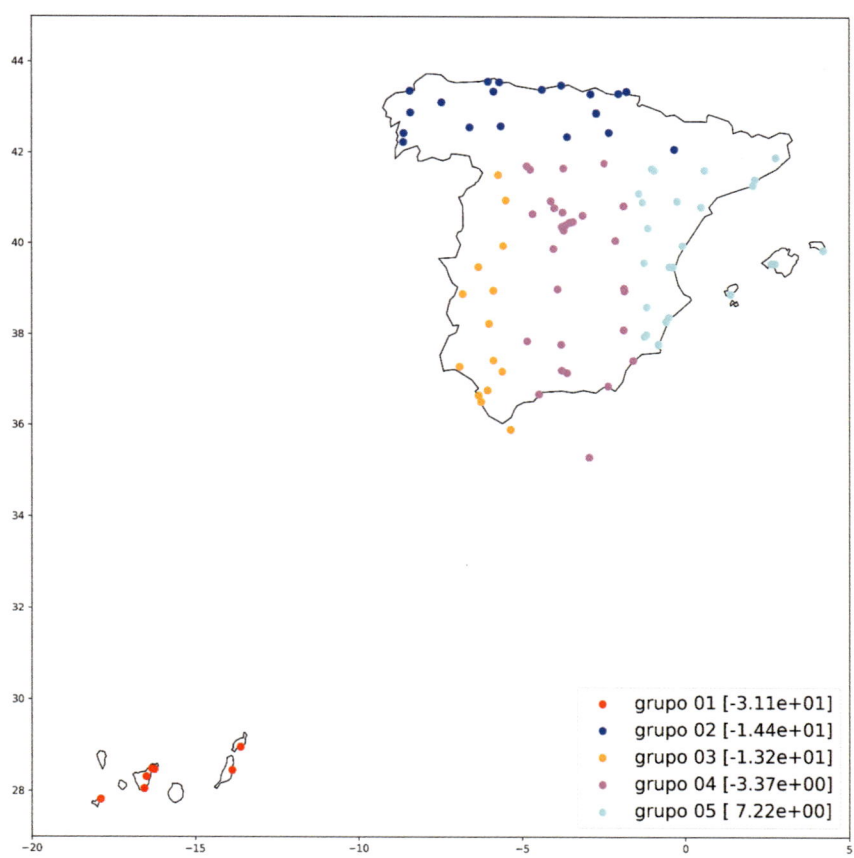

Figura II.2 Para un periodo de 10 años. Agrupación por longitud geográfica.

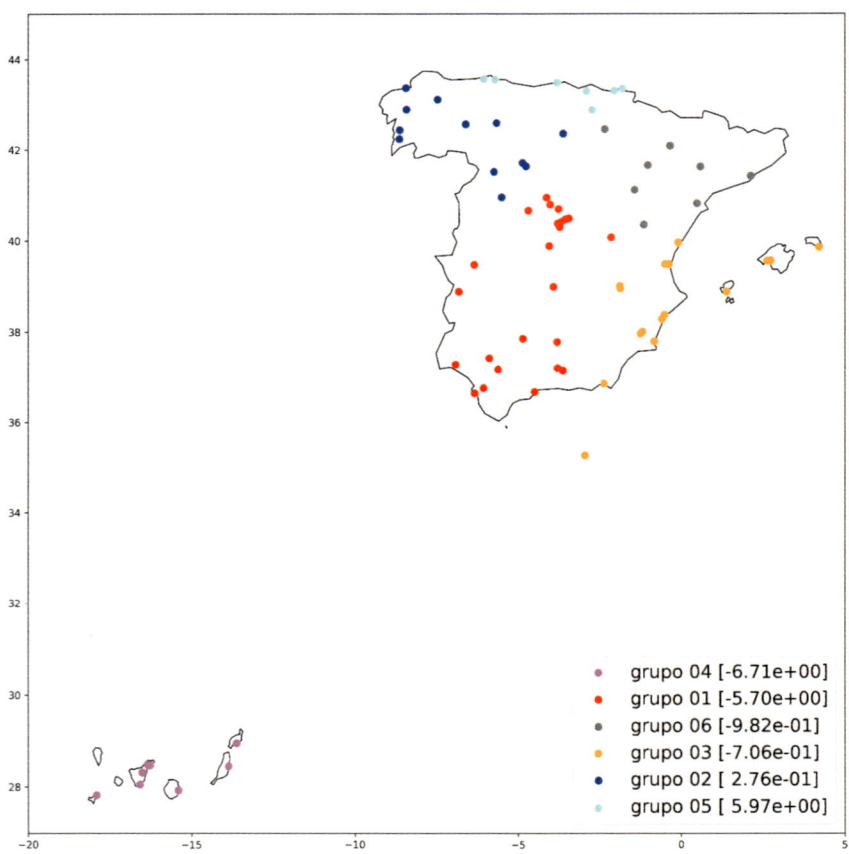

Figura II.3 Para un periodo de 20 años. Agrupación por evolución similar.

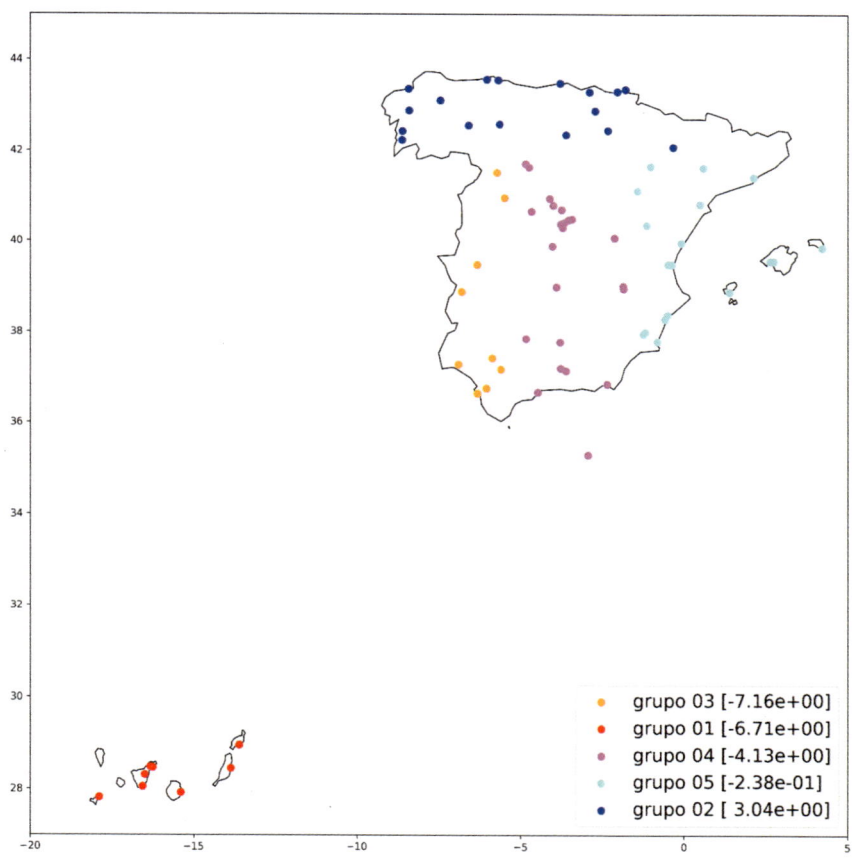

Figura II.4 Para un periodo de 20 años. Agrupación por longitud geográfica.

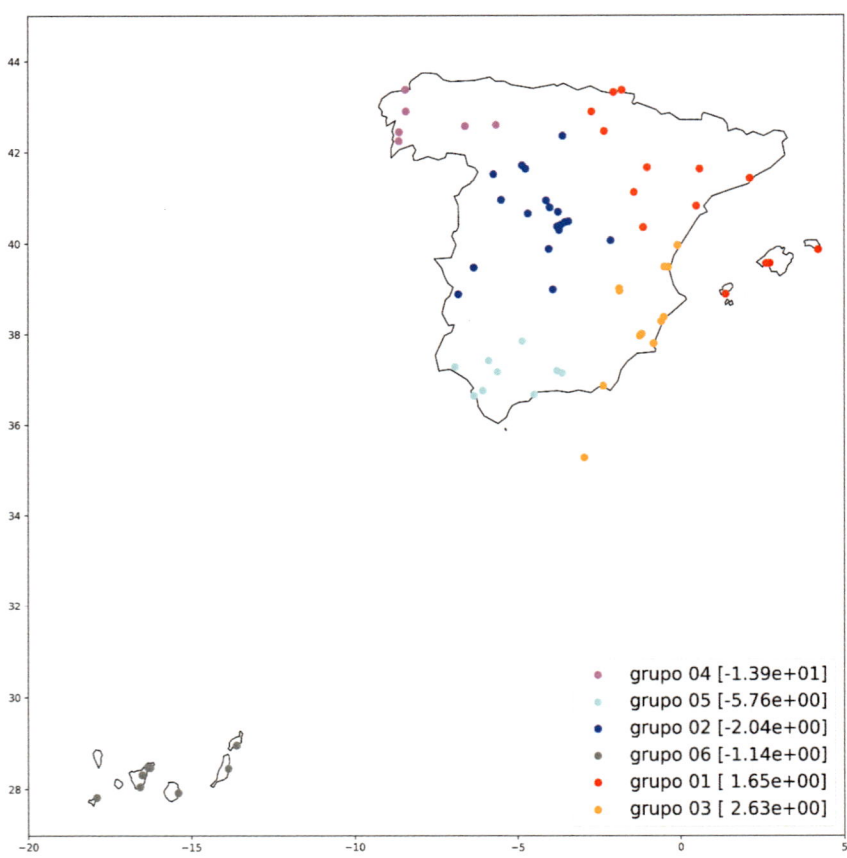

Figura II.5 Para un periodo de 30 años. Agrupación por evolución similar.

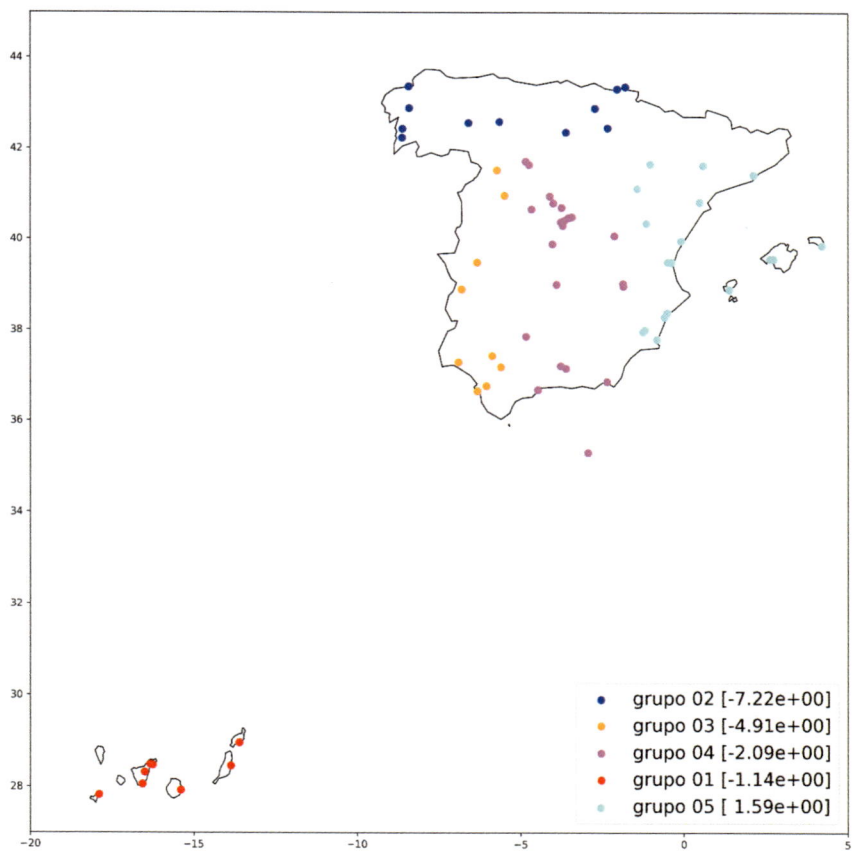

Figura II.6 Para un periodo de 30 años. Agrupación por longitud geográfica.

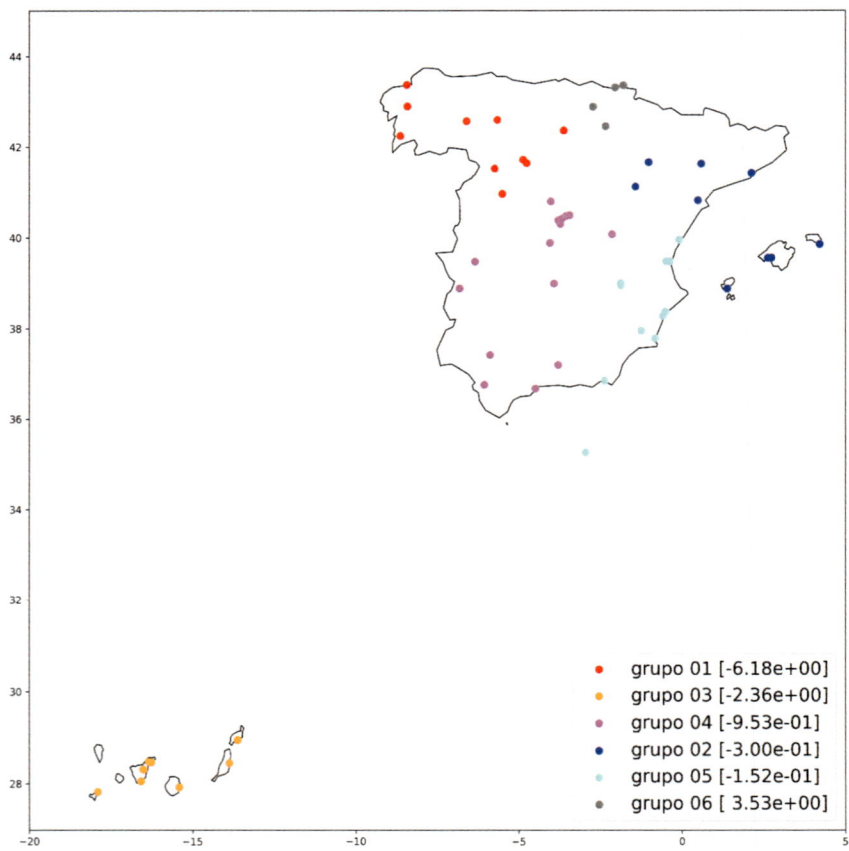

Figura II.7 Para un periodo de 40 años. Agrupación por evolución similar.

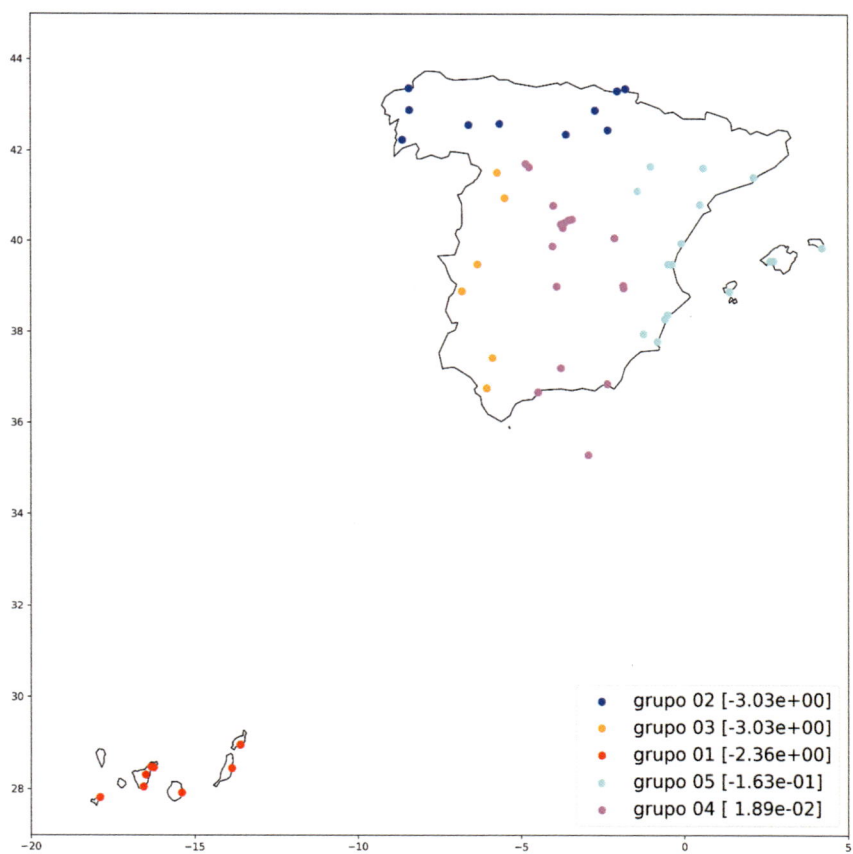

Figura II.8 Para un periodo de 40 años. Agrupación por longitud geográfica.

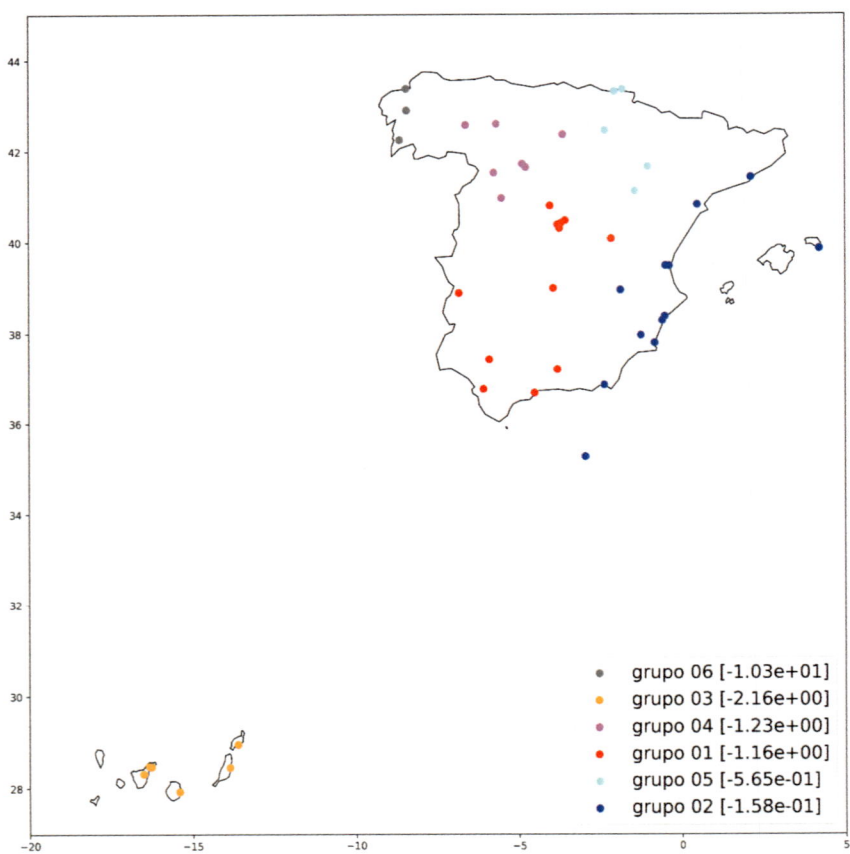

Figura II.9 Para un periodo de 50 años. Agrupación por evolución similar.

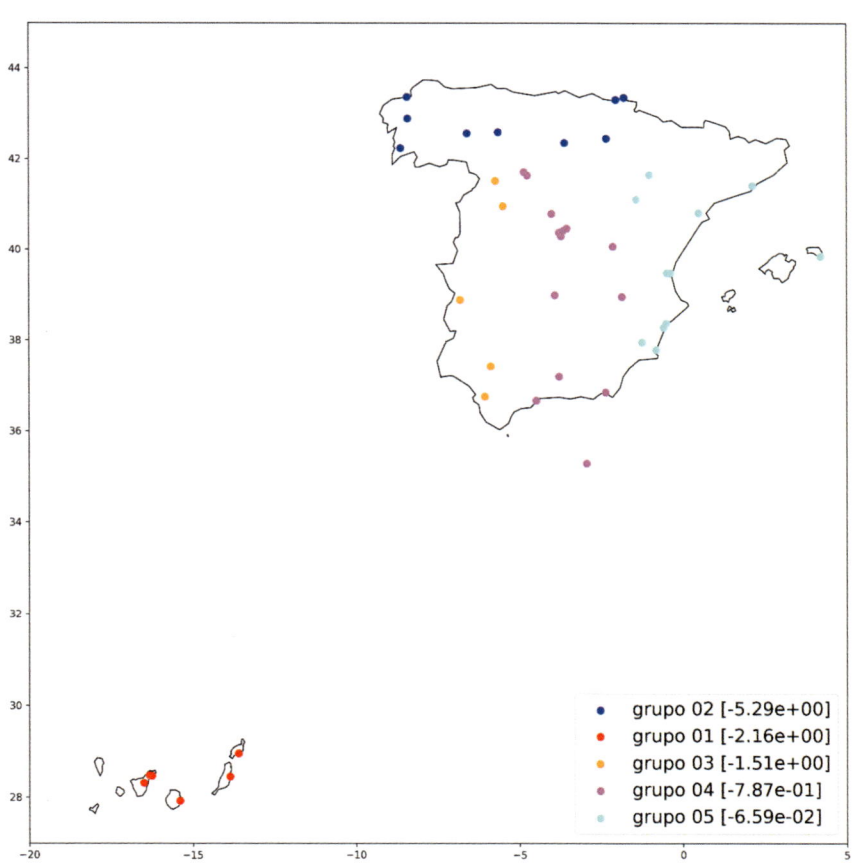

Figura II.10 Para un periodo de 50 años. Agrupación por longitud geográfica.

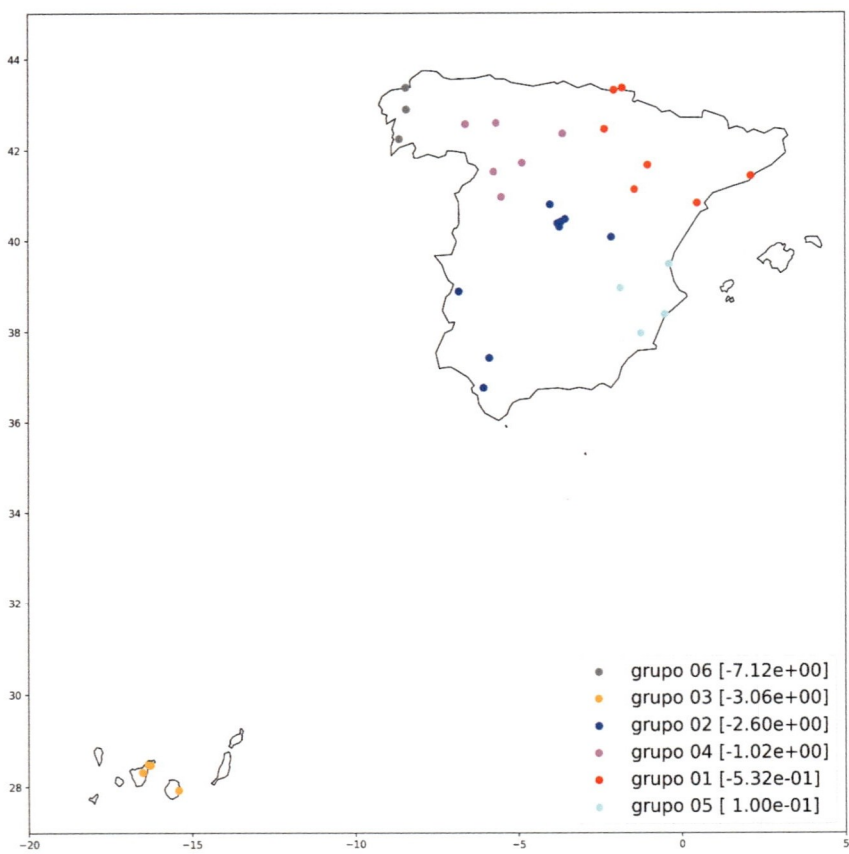

Figura II.11 Para un periodo de 60 años. Agrupación por evolución similar.

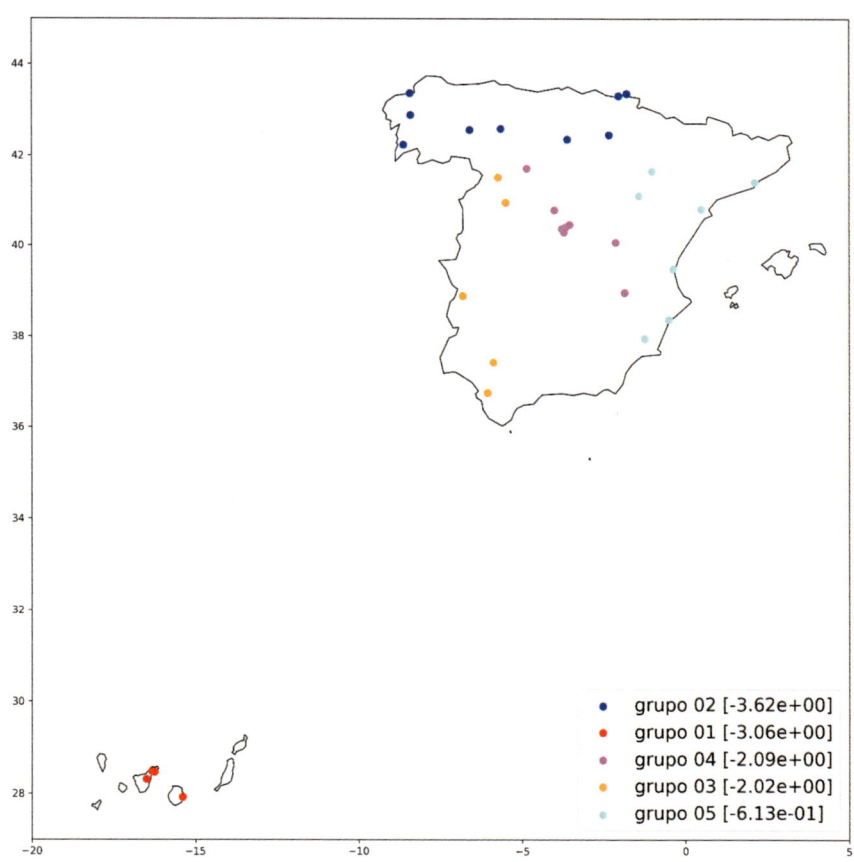

grupo 02 [-3.62e+00]
grupo 01 [-3.06e+00]
grupo 04 [-2.09e+00]
grupo 03 [-2.02e+00]
grupo 05 [-6.13e-01]

Figura II.12 Para un periodo de 60 años. Agrupación por longitud geográfica.

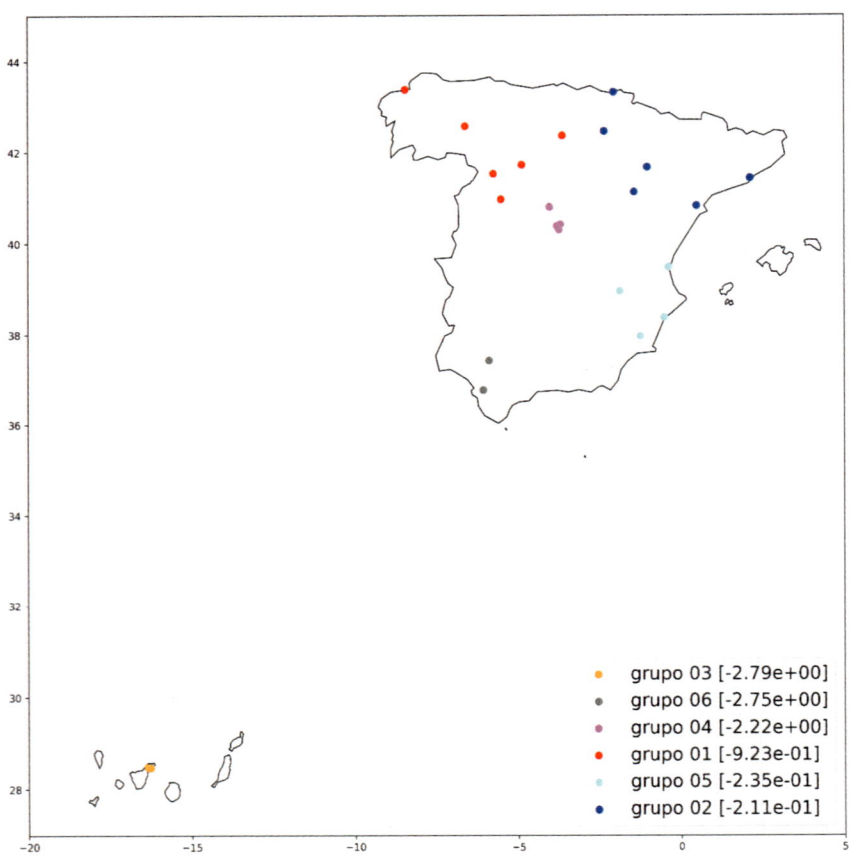

Figura II.13 Para un periodo de 70 años. Agrupación por evolución similar.

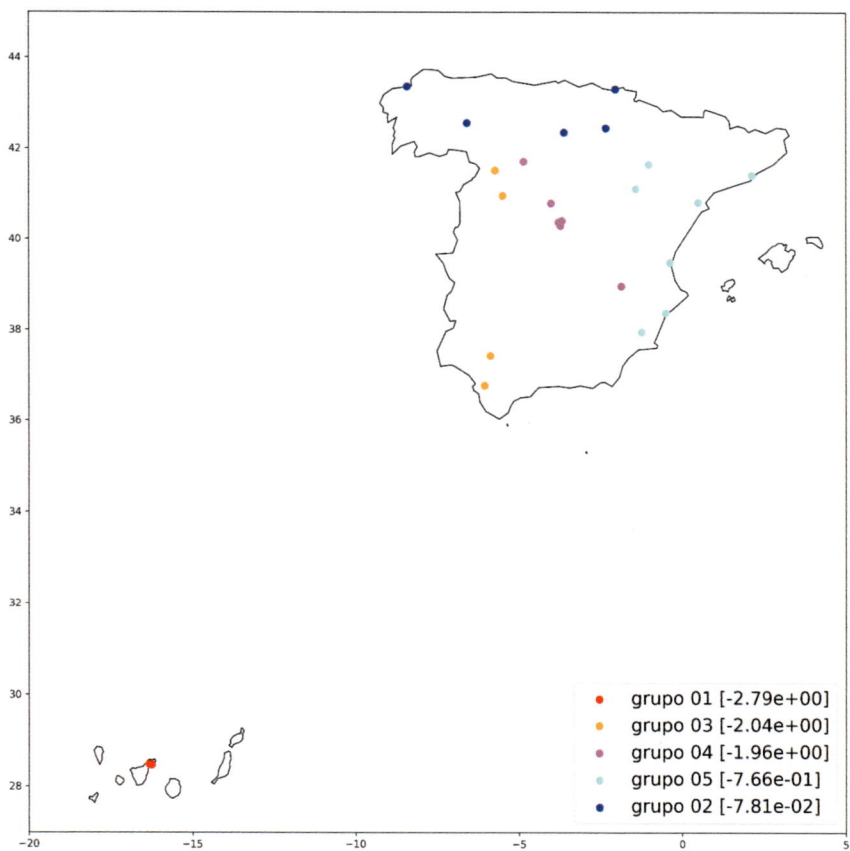

Figura II.14 Para un periodo de 70 años. Agrupación por longitud geográfica.

Anexo III. *Software*

Todo el *software* utilizado en este estudio ha sido escrito por el autor y los códigos fuente están disponibles para cualquiera que lo solicite a la dirección de correo: alberto@ajedrezdirecto.com

Al tratarse de aplicaciones escritas por el autor para sí mismo, no existe ninguna documentación al respecto, no obstante, los códigos fuente están profusamente comentados.

- La aplicación que descarga los datos de la Web de la AEMET es una aplicación para el sistema operativo Windows escrita en C#.
- Para tabular los datos descargados se utiliza otra aplicación también escrita en C# para el sistema operativo Windows.
- La aplicación para tabular los datos de concentraciones de CO_2 y CH_4 descargados del Global Monitoring Laboratory (NOAA Global Monitoring Laboratory) es una aplicación para Windows en C#.
- Todos los cálculos se han realizado por medio de scripts Python para aprovechar las potentes librerías estadísticas disponibles para este lenguaje.

Las tablas y los ficheros de resultados ocupan un gran volumen datos, del orden de 10 Gigabytes, y también están a disposición de quienes lo soliciten a la mencionada dirección de correo.

Agradecimientos:

La primera versión de este trabajo la realicé en el año 2019 en colaboración con Jorge Corrales, que además fue el promotor de la idea, tuvimos la ventaja de tener opiniones no coincidentes, lo que nos llevó a profundizar en los cálculos más allá de lo que inicialmente teníamos pensado. La incorporación del análisis de las precipitaciones fue idea de Juan Luis López Cardenete y la mirada al exterior fue sugerida por Miguel Alonso Majagrandas. Patricia Bañón insistió en hablar de las causas, y los trabajos de Víctor Herrero me ilustraron, especialmente en lo relacionado con el intercambio de radiación.

Sobre el autor

Alberto Bañón Serrano

 Alberto Bañón Serrano nació en La Solana Ciudad Real el 17 de mayo de 1955, doctorado en Ciencias Químicas por la Universidad Complutense de Madrid en 1981, con sobresaliente cum laude. Durante el doctorado publicó artículos en las revistas internacionales más prestigiosas de química-física, pero ese mismo año dejó la investigación para trabajar en la empresa privada (Unidad Eléctrica SA, que después pasó a ser la Asociación de la Industria Eléctrica). Como director de regulación participó, entre otras cosas, en la creación del mercado eléctrico y en el diseño de las tarifas eléctricas que aún están en vigor. En el año 2015 deja la empresa privada y retoma su labor como investigador independiente, publicando artículos en la Gaceta de la Real Sociedad Matemática Española y en la Revista Médica y de Enfermería OCRONOS. Recientemente, ha publicado en esta misma editorial el libro Los andamios de la inteligencia artificial.